计算机

科学与技术丛书·新形态教材

Web设计原理与实践
基于HTML5的开发方法

微课视频版

杨晓东 ◎ 编著

清华大学出版社
北京

内 容 简 介

本书是一部系统论述 Web 前端原理与实践方法的立体化教程(含纸质图书、电子书、教学课件与视频教程)。全书除第 1 章、第 2 章和第 11 章外,其他内容共分为三篇:第一篇 HTML5 基础(第 3 章),介绍了开发环境搭建、第一个 HTML 程序、HTML 语法基础、HTML 编码规范等;第二篇 CSS3 基础(第 4 章),介绍了 CSS 的盒子模型、页面布局的 float 方法、flex 方法、grid 方法、CSS 动画等;第三篇 JavaScript 基础及进阶(第 5～10 章),介绍了 JavaScript 核心知识、canvas、video 和 audio、Web Storage、drag&drop、Web Workers 等。

为便于读者高效学习,快速掌握 Web 前端编程与实践,作者精心制作了配书资源,包括教学课件、思考题答案、源代码(实战项目的代码)与配套视频教程等内容。

本书适合作为广大高等院校 Web 设计及开发相关课程的教材,也可以作为 Web 前端技术开发者的自学参考用书。

图书在版编目(CIP)数据

Web 设计原理与实践:基于 HTML5 的开发方法:微课视频版/杨晓东编著.—北京:清华大学出版社,2022.3
(计算机科学与技术丛书)
新形态教材
ISBN 978-7-302-60195-1

Ⅰ.①W… Ⅱ.①杨… Ⅲ.①网页制作工具—程序设计 Ⅳ.①TP393.092.2

中国版本图书馆 CIP 数据核字(2022)第 031419 号

责任编辑:曾 珊 李 晔
封面设计:吴 刚
责任校对:李建庄
责任印制:曹婉颖

出版发行:清华大学出版社
网　　址:http://www.tup.com.cn, http://www.wqbook.com
地　　址:北京清华大学学研大厦 A 座　**邮　　编**:100084
社 总 机:010-83470000　**邮　　购**:010-62786544
投稿与读者服务:010-62776969, c-service@tup.tsinghua.edu.cn
质量反馈:010-62772015, zhiliang@tup.tsinghua.edu.cn
课件下载:http://www.tup.com.cn,010-83470236
印 装 者:北京同文印刷有限责任公司
经　　销:全国新华书店
开　　本:186mm×240mm　**印　　张**:10.5　**字　　数**:239 千字
版　　次:2022 年 5 月第 1 版　**印　　次**:2022 年 5 月第1次印刷
印　　数:1～1500
定　　价:49.00 元

产品编号:076206-01

前言
PREFACE

当今我们处在一个万物互联、物皆智能的时代。Web 在这个时代扮演着一个非常重要的角色。无论我们身在何处，通过 Web 获取各种信息已经成为一种习惯和生活方式。Web 背后的技术正是本书所要探讨的内容。

本书是一本针对 Web 前端开发的理论知识与工程实践的指导性著作，既面向广大的在校大学生，也面向需要获得具体工程实践指导的工程技术开发人员，还适用于对 Web 技术感兴趣的业余爱好者。相信本书可以成为一本 Web 前端开发方面的入门与指导性著作。

本书专注于 Web 前端技术，按照 HTML、CSS 和 JavaScript 的顺序组织章节。这 3 项技术是支撑 Web 前端的主要技术。如果你想系统学习 Web 前端技术，可以按照章节的顺序从头开始阅读。如果你有一定的基础，或者只是对某一项具体技术和知识点感兴趣，那么也可以跳跃式地阅读或者只是选择自己感兴趣的章节进行学习。本书的各个章节的知识点具有相对独立的特点。无论采用哪种方式，本书都将会对你的 Web 前端技术之旅给予很大的帮助。

中国最大的互联网企业例如阿里巴巴、腾讯、百度中都有相当大比例的 Web 开发人员，其他各类企业中也都有一定比例的 Web 开发人员。在当今这个时代，掌握 Web 技术是信息化建设的一种必备技能，也是各类企业对人才技能的急迫要求。本书除了介绍 Web 前端的基本理论知识，还密切联系工程实际，以各类项目的形式讲解技术在实践中的应用方式。

Web 技术尤其 Web 前端技术是变化和发展特别快的技术，相关领域的技术人员需要不断学习该领域的知识才能跟上 Web 技术发展的趋势并及时掌握最新出现的知识点与技术栈。本书尽可能地讲解最新的 Web 前端技术，但是书籍的出版与技术的发展之间不可避免地会有一定的时间差，对于本书中可能出现的个别不能体现最新技术的地方，我将在后续的版本中及时更新与修改。

关于 Web 前端的知识与工程实践指导的内容，市面上的书籍涉及较少，也没有太多专门论述 Web 前端技术的书籍。本书作者从多年的教学实践与工程实际经验的角度出发，系统论述了 Web 前端的工作流程与所涉及的各类知识点，并通过实践与项目的形式对技术的实际应用进行了讲解与讨论。本书每章都配有配套的思考题及答案、微课视频与课件，便于读者自学或者各类院校的教师在开设课程的过程中采用。

最后，感谢吴彬艳协助完成了本书配套的微课视频的录制以及课件和思考题答案的准备等工作。

Web 技术从 30 年前出现到今天有了很大的发展。但只是在过去的 10 年才出现了突飞猛进的变化。本书内容浓缩了过去 10 年的 Web 前端的主要知识点与技术发展,相信本书值得广大的 Web 前端学习和从业人员阅读和收藏。

杨晓东

2022 年 2 月

于杭州

微课视频清单

视频名称	时长/分钟	位　　置
视频 1　课程介绍	12	第 1 章章首
视频 2　开发环境	15	第 2 章章首
视频 3　HTML5 的标签和标签属性	9	第 3 章章首
视频 4　CSS	15	第 4 章章首
视频 5　JavaScript 核心知识	19	第 5 章章首
视频 6　HTML5 之 canvas	12	第 6 章章首
视频 7　HTML5 之 video 和 audio	8	第 7 章章首
视频 8　HTML5 之 Web Storage	10	第 8 章章首
视频 9　HTML5 之 drag & drop	8	第 9 章章首
视频 10　HTML5 之 Web Workers	5	第 10 章章首
视频 11　前端总结与展望	12	第 11 章章首

学习建议

本书定位

本书可作为计算机学科、电子信息类相关专业本科生、研究生及工程类硕士研究生的Web程序设计课程的教材，也可供相关研究人员、工程技术人员阅读参考。

建议授课学时

如果将本书作为教材使用，建议将课程的教学分为课堂讲授和学生自主上机两个层次。建议课堂讲授30学时左右，学生自主上机30学时左右。教师可以根据不同的教学对象或教学大纲要求安排学时数和教学内容。

教学内容、重点和难点提示、课时分配

序　号	教学内容	教学重点	教学难点	课时分配/学时
第1章	绪论	Web开发的阶段、Web前端开发的概念	Web前端开发的概念	2
第2章	开发环境	浏览器与编辑器、包管理器与自动化构建工具	包管理器与自动化构建工具	2
第3章	HTML5的标签与标签属性	语义标签、标签属性、HTML5语法验证与浏览器支持	语义标签	4
第4章	CSS	盒子模型、CSS的页面布局、CSS中的动画	CSS的页面布局	6
第5章	JavaScript核心知识	JavaScript基本语法、JavaScript的面向对象编程、JavaScript的函数式编程	JavaScript的面向对象编程和函数式编程	12
第6章	HTML5之canvas	canvas API的使用要点、使用canvas创建动画	使用canvas创建动画	4
第7章	HTML5之video和audio	video API的使用要点、audio API的使用要点、使用video和audio创建播放器	使用video和audio创建播放器	4
第8章	HTML5之Web Storage	Web Storage的概念与分类、localStorage、indexedDB	IndexedDB中的增删查改	4

续表

序 号	教学内容	教学重点	教学难点	课时分配/学时
第9章	HTML5之drag & drop	drag & drop的基本概念、drag & drop程序示例	drag & drop中的数据传输	4
第10章	HTML5之Web Workers	JavaScript中线程的概念、Web Workers的基本概念、Web Workers的程序示例	JavaScript中线程的概念	4
第11章	前端总结与展望	Web前端的发展趋势、Web前端的新技术	Web前端的新技术	4

目录
CONTENTS

第一篇 HTML5基础

第二篇 CSS3基础

第三篇 JavaScript基础及进阶

第1章 CHAPTER 1 绪论

Web 是 World Wide Web 的简称，是互联网上一种最重要的应用。我们的生活已经离不开 Web。Web 系统和开发就是针对 Web 应用所进行的系统设计和程序开发。Web 技术是当今发展最快的技术之一。Web 技术的快速发展也导致了很多 Web 技术很容易就过时了。

Web 系统是由客户端、互联网和服务器 3 部分组成的，如图 1-1 所示。

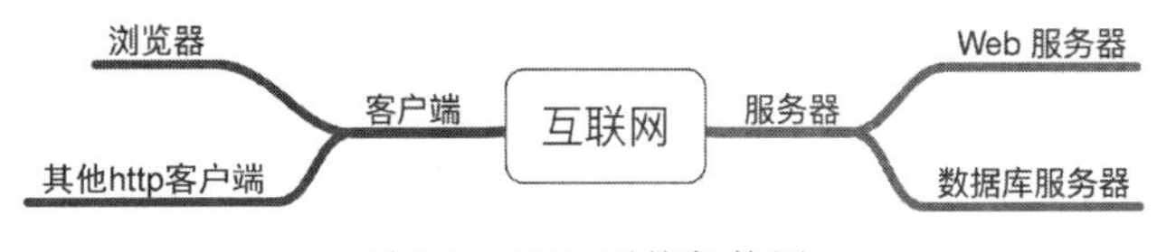

图 1-1　Web 系统架构图

在图 1-1 中，客户端是互联网业务的呈现和展示部分，是可以使用 http 协议进行通信的部分，在 Web 系统中主要指浏览器。互联网是指基于 TCP/IP 的物理网络。而服务器是通过 http 协议接收客户端的请求并向客户端提供响应服务的部分，在 Web 系统中主要指 Web 服务器和数据库服务器。

设计和开发一个完整的 Web 系统往往要经过如下阶段：需求分析、方案制定、UI 设计、原型开发、系统开发、上线测试。其中系统开发阶段包括前端开发和后端开发两个阶段，而前端开发和后端开发两者合起来又往往被称为全栈开发。本书主要介绍系统开发阶段，其中又侧重于前端开发阶段。

图 1-2 以技能树的形式给出了前端和后端开发过程中所用到的技术和知识点。

前端开发是指浏览器端的开发，这是和用户直接交互的部分，是用户可以直接看到和感受到的部分，从图 1-2 可以看出，Web 前端开发主要使用的编程语言是 HTML、CSS 和 JavaScript。

后端开发是指 Web 服务器和数据库服务器的开发，这是 Web 系统中产生和管理数据和服务的部分。虽然用户无法直接看到这部分内容，但是用户在前端所看到的不同形式的数据都是经由后端传输到前端的。

在 Web 开发中还有一种开发叫作全栈开发。狭义的全栈开发既包括前端开发也包括后端开发。由于目前 JavaScript 语言既可以运行在客户端也可以运行在服务器端，所以目

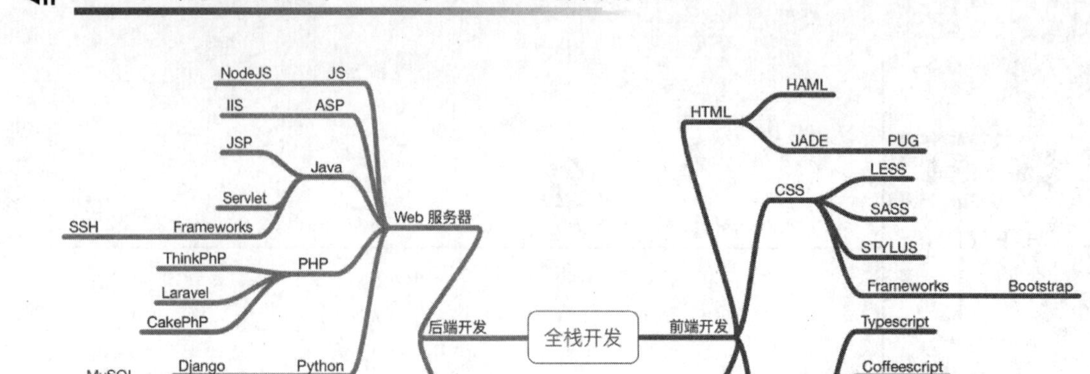

图 1-2 Web 开发技能树

前全栈开发的语言可以是 JavaScript。当然也可以前端用 JavaScript 而后端用其他后端语言，例如 PHP、Java、Python 等。广义的全栈开发除了包括前端开发和后端开发以外，还包括整个 Web 系统中所有阶段的开发工作，例如 UI 设计和原型开发等。

本章首先介绍 Web 系统设计和程序开发中涉及的基本概念并对前端开发、后端开发以及全栈开发的过程进行讲解，接着针对 Web 前端开发中所用到的编程语言 HTML、CSS 和 JavaScript 的核心知识点进行概括和总结，最后重点介绍 HTML5 的概念、发展和所包含的新特性。本章应重点掌握以下要点：

(1) 熟悉和理解 Web 系统设计和开发的概念与过程；

(2) 掌握 Web 前端开发中 HTML、CSS 和 JavaScript 的基本知识；

(3) 掌握 HTML5 的概念和新特性。

1.1 Web 开发概述

Web 系统是指基于 Web 标准和技术（W3C 标准和技术）的系统，除了包括我们所熟知的 Web 页面即网页以外，还包括各种 App、微信公众号、微信小程序以及其他使用或借助 Web 标准和技术的系统。Web 开发就是针对 Web 系统所进行的设计和开发。一个完整的 Web 开发过程往往包括了需求分析、方案制定、草图设计、UI 设计、原型开发、系统开发和上线测试这几个阶段。其中系统开发阶段又分为前端开发阶段和后端开发阶段。了解这几个阶段的设计和开发内容对熟悉整个 Web 系统从概念到运营的实现过程是非常重要的。本节将以一个订餐 Web 系统为例详细讲解该 Web 系统的设计和开发过程。

1.1.1 需求分析阶段

需求分析是 Web 系统开发的第一个阶段。Web 系统是完成某个特定功能的系统。在需求分析阶段需要完整地罗列将要开发的 Web 系统的所有功能、系统的名称、系统的形式以及系统实现所用到的技术。以我们要设计开发的订餐 Web 系统为例,该 Web 系统的需求分析可以如图 1-3 所示。

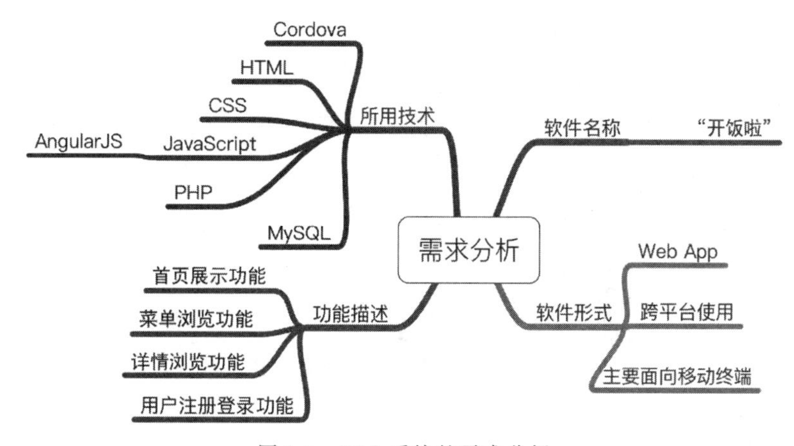

图 1-3 Web 系统的需求分析

图 1-3 以思维导图的形式给出了订餐 Web 系统的需求分析。该需求分析可以是和目标客户共同讨论的结果,因为需求分析应该首先满足目标客户的需求,只有客户同意了,项目才可以继续。

从如图 1-3 所示的需求分析中,我们明确了该 Web 系统的名称为"开饭啦"。该 Web 系统的形式为跨平台的 Web App 的形式,面向的终端设备以移动终端为主。基于"软件形式",我们可以罗列所要用到的技术。在该 Web 系统中,我们将要采用的技术包括 HTML、CSS、JavaScript、PHP 和 MySQL。由于是面向移动终端即手机的 Web App,所以该系统将采用 Cordova 技术将 Web 页面打包成可以安装在 Android 和 iOS 设备上的 App。为了更快速和规范地实现该项目,该系统还将采用 AngularJS 前端框架实现该 Web 系统。在需求分析中我们还罗列了该 Web 系统的功能为首页展示功能、菜单浏览功能、详情浏览功能和用户注册登录功能。

有了如图 1-3 所示的 Web 系统需求分析,整个 Web 开发过程将会有初步的指导方案,因而会在开发上更加快速。一个项目往往是由多个人员协作或合作共同完成的。需求分析非常有利于项目的不同人员进行协作和合作。在项目的开发过程中,需求分析方案还会存在进一步反复讨论和修改的可能,但一个好的 Web 开发项目往往始于一份有效的需求分析方案。

1.1.2 方案制定阶段

在需求分析的基础上，需要针对需求的详细内容制定 Web 系统的开发方案。这个方案将包括实现该 Web 系统所需要完成的详细步骤，每个步骤所需要用到的工具和编程语言。总之，在方案制定阶段，需要明确在实现整个 Web 系统的过程中所需要达到的每一个小目标以及其中需要用到的技术和工具。

针对需要完成的“开饭啦”Web 系统，制定如图 1-4 所示的方案。

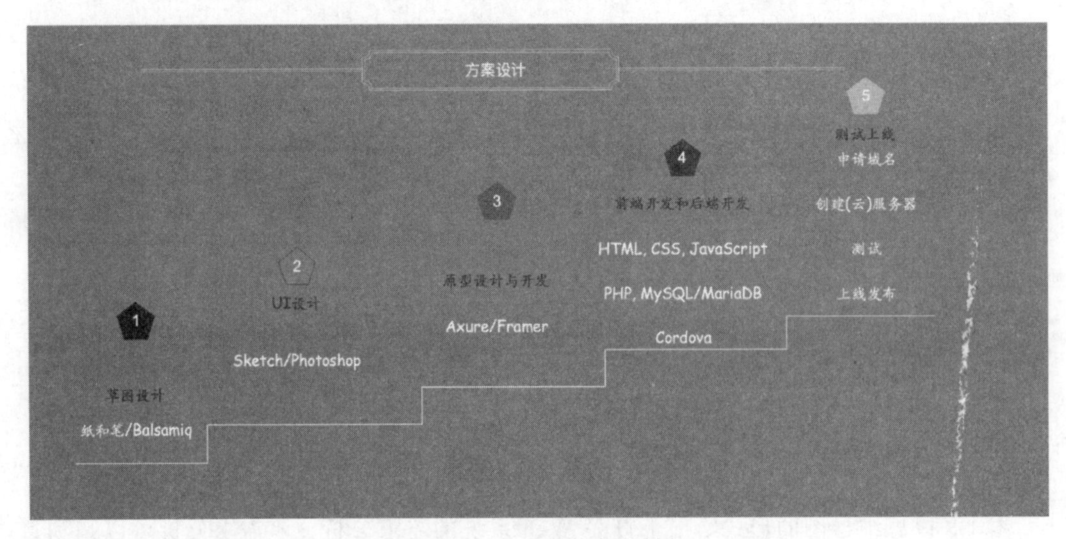

图 1-4 Web 系统的方案制定

图 1-4 给出了针对该 Web 系统制定的方案。该方案主要包括 5 个阶段。针对每个阶段，我们给出了该阶段的主要内容和所用到的工具和(或)编程语言。根据该方案，首先使用纸笔或 Balsamiq 完成该 Web 系统的草图设计。基于草图，使用 Sketch 或 Photoshop 完成该 Web 系统的 UI 设计，然后使用 Axure 或 Framer 工具完成该 Web 系统的产品原型设计与开发。第四个阶段是整个系统开发过程的主要阶段，在这个阶段我们将完成前端和后端的开发工作。前端所使用的语言将是 HTML、CSS 和 JavaScript，后端主要使用 PHP 和 MySQL(MariaDB)数据库。我们还将使用 Cordova 完成对前端程序的打包，使其可以在 iOS 和 Android 平台上工作。在该方案的最后，我们将完成该项目的测试上线工作。最后这个阶段将包括域名的申请、服务器的创建或云服务器的申请和安装。在项目经过全面的测试后将对该 Web 系统进行上线发布。

由以上描述可知，方案制定阶段是整个项目的执行方案的确定阶段。方案制定好后，整个项目才能根据方案有条不紊地执行下去。

1.1.3 草图设计阶段

草图设计有时也被称为线框图设计，是对将要开发的 Web 系统进行概念级别的规划设计的过程。草图设计的目的是快速确定 Web 系统的 UI 功能模块，从而为 UI 设计以及后续设计过程提供指导大纲。由于草图设计在视觉上比较简单同时便于快速制作，所以对草图的修改也比其他设计阶段容易很多。这非常有利于概念与规划的快速迭代。所以，草图设计往往是项目成员共同讨论确定最终方案的利器。

很多设计开发人员喜欢用纸和笔来完成草图的设计。在草图设计阶段，纸和笔确实是非常有效的工具，即使是在这个信息化时代。除了纸和笔，还可以用很多软件工具来完成草图设计。这里采用 Balsamiq 对“开饭啦”Web 系统进行草图设计。Balsamiq 是具有纸笔绘画风格的线框图设计工具。使用 Balsamiq 设计的“开饭啦”Web 系统主要包括 3 个界面，如图 1-5 所示。

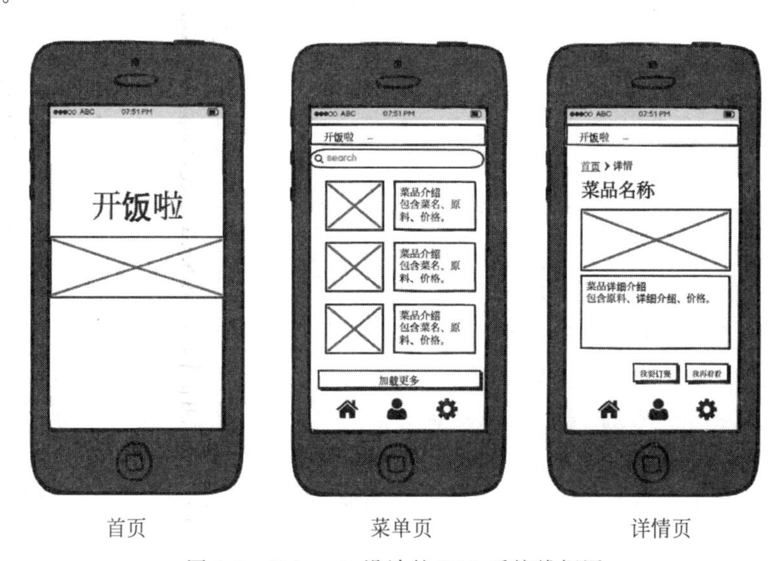

图 1-5 Balsamiq 设计的 Web 系统线框图

1.1.4 UI 设计阶段

UI 设计是对将要开发的 Web 系统进行像素级别的图形设计过程。UI 设计的目的是让产品原型开发人员和系统开发人员（包括前端和后端开发人员）直观了解项目的界面形式，从而更好地帮助这些开发人员遵照 UI 设计界面的原则完成开发工作。

UI 设计所用到的工具包括 Sketch 和 Photoshop。其中，Sketch 是 Mac 上专门面向移动终端 UI 设计的工具。由于要开发的 Web 系统主要面向移动终端，所以这里主要采用 Sketch 来完成 UI 的设计工作，关于 Sketch 的详细使用方法请参考其他相关书籍。针对“开饭啦”Web 系统，我们使用 Sketch 完成了 5 个主要界面的设计工作，如图 1-6 所示。

图 1-6 Sketch 设计的 Web 系统界面图

1.1.5 原型设计与开发阶段

原型设计与开发阶段是对将要开发的 Web 系统的 UI 界面图进行动态交互功能加工的过程。原型设计与开发的目的是让整个项目团队和最终用户在产品开发的初始阶段就直观地了解到项目最终产品的样子，从而进一步得到关于该产品的反馈信息。这将有效避免产品开发完成后再修改该产品导致的费时费力现象。

原型设计与开发的工具很多，主要有 Axure 和 Framer。Framer 是基于 CoffeeScript 语言进行原型设计和开发的工具，虽然相对于其他原型开发工具有更陡峭的学习曲线，但是它可以提供更加灵活的开发方式，完成其他开发工具较难实现的效果。这里通过将用 Sketch 设计好的 UI 界面图导入 Framer，然后添加动态交互效果，最终完成“开饭啦”系统产品原型的设计和开发工作。产品原型如图 1-7 所示。

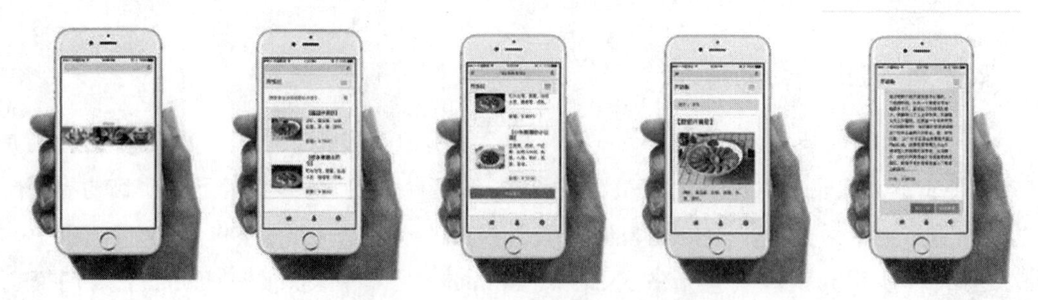

图 1-7 Framer 设计的 Web 系统界面图

1.1.6 系统开发阶段

系统开发阶段是整个 Web 系统的核心开发阶段，包括 Web 前端开发和 Web 后端开发。在这个阶段，我们已经有了定型的 UI 界面图和完善交互功能的产品原型。对 UI 界面图进行像素级别的编程实现和对产品原型的交互功能进行基于数据逻辑的编程实现是这个阶段的主要工作。

Web前端开发主要指对UI界面图和产品原型中的用户交互部分用HTML、CSS和JavaScript编程语言进行设计开发。通俗地讲，Web前端是指Web系统中所有用户看得到的部分。由于前端涉及的内容和知识点较多，同时前端的技术更新速度较快，因此在前端开发过程中往往会采用很多前端编程语言库和框架以及工具。另外需要注意的是，在系统开发阶段往往采用前后端分离，分别开发的模式。由于前端部分需要的数据一般是后端提供的，在前端单独开发的过程中可以采用伪数据的模式，即用符合后端提供的数据格式的本地数据来代替后端数据进行模拟。Web前端开发是本书将要讲述的主要内容。

针对“开饭啦”Web系统，我们基于已经完成的UI界面图和产品原型，使用AngularJS框架完成了该系统的前端开发。AngularJS是Google公司主导开发的一个前端框架，它具有MVC架构，便于开发和维护。这里采用的是1.6.4版本。由于前端开发后的产品在外观上和产品原型并无大的区别，所以这里省略了前端开发后的效果图。

Web后端开发主要是指针对Web系统的服务器端部分进行的程序开发。由图1-2可知，Web后端可以采用的技术很多，例如PHP、JSP、ASP等。在前后端分离的开发阶段，后端开发人员只需要了解应向前端提供什么样的数据以及针对前端的服务请求应该如何响应，就可以独立进行后端程序的开发。除了服务器端编程语言外，后端往往还需要进行数据库的设计和开发。整个Web系统后端所用到的技术更新速度与前端相比通常比较缓慢。

对于“开饭啦”Web系统的后端开发，我们采用PHP作为Web服务器端的编程语言，同时采用MariaDB数据库系统作为整个Web系统的数据存储和管理单元。使用PHP从MariaDB读取数据并将该数据以JSON的格式发送到Web前端，而前端向数据库写入的数据也首先以JSON的格式传到Web服务器，然后使用PHP将该数据写入MariaDB数据库。在前后端分离开发的模式下，当后端开发的过程中需要前端向后端写入数据时，也可以首先以伪数据的形式进行数据模拟。

当前后端的开发都分别独立完成后，需要将前后端的程序联合起来进行联调，这样才算完成了系统开发阶段的工作。

1.1.7 测试上线阶段

系统开发阶段所开发的产品往往不可以直接上线发布。只有经过针对各项指标的严格测试并满足要求后，才可以发布供用户使用。在测试阶段发现的问题往往需要系统开发人员重新修订代码，然后再发给测试人员进行进一步的测试。这个过程往往需要反复进行多次才可以完成整个测试阶段。

在测试之前，通常需要将所开发的产品上传到我们自己的Web服务器。在此之前，对于个人开发者来说，往往还需要申请域名和云服务器资源。对于国内申请的域名还需要向ICP管理部门提交备案申请，从提交备案申请到完成备案通常需要20个工作日的时间。一旦完成备案申请就可以使用自己申请的域名了。这时需要将 Web 产品部署到服务器上。可以自己搭建 Web 服务器,这时通常需要向 Internet 服务提供商申请一个固定的 IP 地址,后者可以绑定我们的域名动态 IP 地址。

对于一个 Web 系统,经过测试就可以上线运营了。

1.2 Web 前端开发中的基本知识

Web 前端开发中用到的基本知识主要是 HTML、CSS 和 JavaScript。

1.2.1 HTML

HTML 是 Hyper Text Markup Language 的简称,是一种超文本标记语言。在 Web 前端开发中,HTML 的主要作用是对前端应用程序的内容进行描述。HTML 是由各种标签及其所具有的属性构成的。对于同一个前端应用程序,往往可以用不同的 HTML 标签进行描述。但是,一个通用的原则是,HTML 标签要能够在语义上对所描述的内容进行解释。

1.2.2 CSS

CSS 是 Cascading Style Sheet 的简称,是一种样式描述语言。在 Web 前端开发中,CSS 的主要作用是对前端应用程序的内容进行样式表征。CSS 是由各种样式规则构成的,每个样式规则又由样式规则的属性和属性值构成。对于同一种前端应用程序的样式,在某些时候,往往可以用不同的 CSS 样式规则实现。CSS 使用中的一个通用的原则是: CSS 代码要简洁。

1.2.3 JavaScript

和 HTML 与 CSS 不同,JavaScript 是一种完备的编程语言。只要有 JavaScript 解释器的地方就可以运行 JavaScript。目前有两种 JavaScript 解释器: 一个是浏览器,还有一个就是 Node。Node 可以被看成一个没有界面的浏览器。在 Web 前端开发中,JavaScript 的主要功能是提供交互功能。有了 JavaScript,用户就可以使 Web 应用具有与 App 类似的用户体验。在现代 Web 开发中,HTML 和 CSS 往往可以被嵌入 JavaScript,从而使 JavaScript 成为掌握 Web 前端开发的必备技能。

1.3 HTML5 的概念与新特性

HTML5 的正式出现是在 2014 年 10 月 28 日。在这一天,W3C 正式宣布了 HTML5 的诞生。但是,随后出现的各种 Web 标准与技术都可以被纳入 HTML5 的范畴,这些新标准与技术也正是本书所描述的主要内容。

1.3.1 HTML5 的概念

HTML5 的简要发展历程如图 1-8 所示。

图 1-8 HTML 的简要发展历程

1.3.2 HTML5 的新特性

相对于之前的版本，HTML5 带来了很多新特性，主要体现在 3 方面，如图 1-9 所示。在 HTML 方面增加了语义标签，如< main >、< section >、< aside >等。具体包括一系列新的浏览器中的 JavaScript API，如本地存储 LocalStorage 和 SessionStorage，本地数据库 IndexedDB，多线程 Web Workers，历史记录 History 等。这些 Web API 就是本书所描述的主要内容。

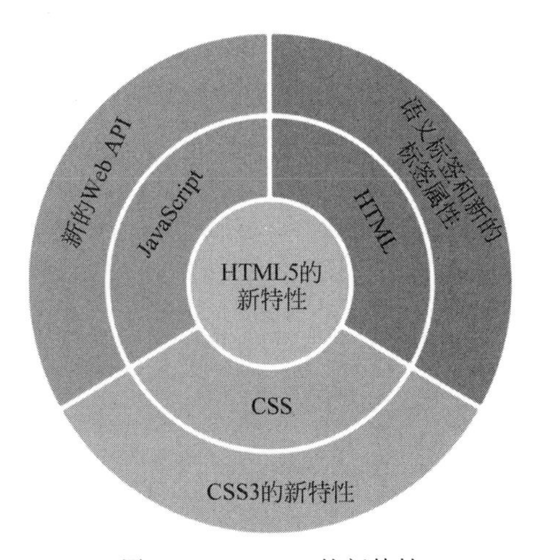

图 1-9 HTML5 的新特性

本章小结

Web 前端开发涉及不同的阶段，即需求分析阶段、方案制定阶段、草图设计阶段、UI 设计阶段、原型设计与开发阶段、系统开发阶段与测试上线阶段。Web 前端开发涉及的基础知识主要包括 HTML、CSS 与 JavaScript。HTML5 的发布与发展带来了一系列的新的 Web API[1]。学会这些 Web API 可以有效地帮助我们提升 Web 前端开发技能。本章主要介绍了如下内容：

(1) Web 前端开发的阶段与流程。

(2) Web 前端开发的基础知识——HTML、CSS、JavaScript。

(3) HTML5 的概念与新特性。

思考题

(1) 请简述 Web 前端开发的阶段与流程。

(2) Web 前端开发所需要的计算机语言有哪些?

(3) 请简述你对 Web 前端开发的理解。

第2章 开发环境

CHAPTER 2

入门 Web 前端开发只需要浏览器和文本编辑器就够了。虽然可选的浏览器与文本编辑器种类繁多,但是,好的浏览器和文本编辑器将会给 Web 前端开发带来很大的方便。常用且有效的浏览器与文本编辑器如图 2-1 所示。

图 2-1 Web 前端开发工具

图 2-1 给出了两款文本编辑器 VSCode[2] 和 Sublime Text。VSCode 是微软开发的一款免费的文本编辑器,Sublime Text 是一款收费的文本编辑器,但提供没有截止期限的试用版本。这两款编辑器都支持插件的安装,所以我们可以根据需要给编辑器提供不同的额外功能。图 2-1 同样给出了两款浏览器 Chrome 和 Firefox。Chrome 和 Firefox 在支持最新 Web 标准与技术方面相对于其他浏览器有一定的优势。本书中的程序都将基于 VSCode 文本编辑器和 Chrome 浏览器。

除了文本编辑器和浏览器,如果要在开发中使用自动化构建工具还需要安装 Node 以及其他相关的工具。对于复杂的项目,还可以使用 IDE 开发工具,如 WebStorm。

本章首先介绍 Web 前端开发中所用的浏览器、代码编辑器以及 IDE 工具。接着针对 Web 前端进阶开发中所用到的包管理器、自动化构建工具等进行介绍。本章应重点掌握以下要点:

(1) 熟悉和理解浏览器的基本功能;
(2) 掌握 Web 开发者工具的使用;
(3) 掌握 Web 开发所用的文本编辑器。

2.1 浏览器与编辑器

浏览器与编辑器是 Web 前端开发所需要的基本工具。对于浏览器,除了要掌握浏览器的常用基本功能外,还要学会浏览器开发者工具的使用。对于编辑器,除了要掌握编辑器的常用基本功能外，还要学会常用快捷键的使用以及常用插件的安装和使用。

2.1.1 浏览器

如果还没有安装 Chrome 或 Firefox 浏览器，那么需要登录网址 https://www.google.cn/chrome/下载安装 Chrome 浏览器，或者登录 https://www.firefox.com.cn/下载 Firefox 浏览器。

下载安装成功浏览器后，可以同时按住 Ctrl+Shift+I 键(Windows)或 Cmd+Shift+I 键(Mac)打开开发者工具。也可以如图 2-2 和图 2-3 所示通过菜单选择打开 Chrome 和 Firefox 的开发者工具。

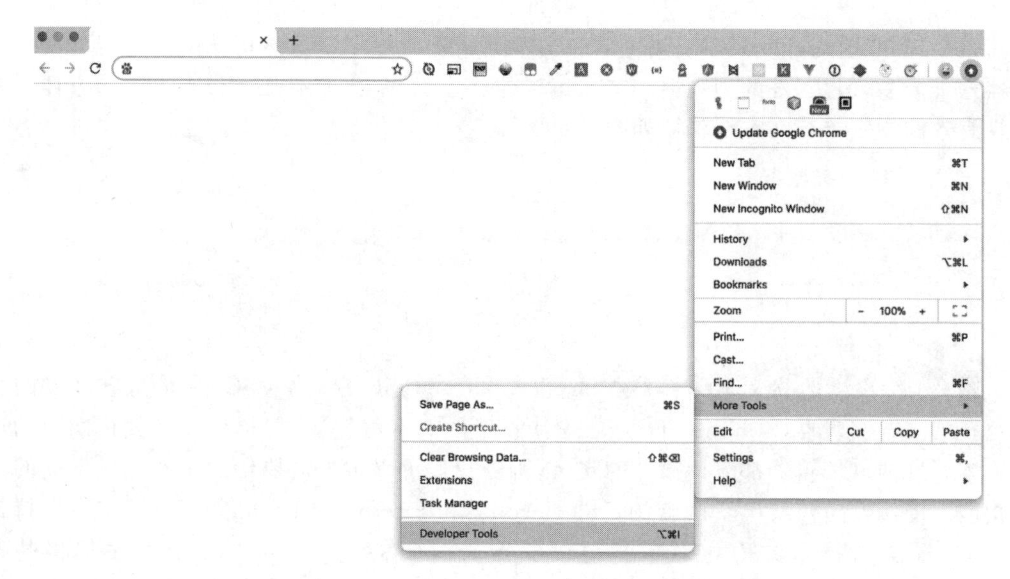

图 2-2 如何打开 Chrome 开发者工具

下面以 Chrome 中的开发者工具为例来介绍开发者工具中协助 Web 前端开发的相关功能。

图 2-4 给出了打开 Chrome 开发者工具后的界面图。

从图 2-4 可以看出，Chrome 开发者工具界面上有许多功能面板。其中在 Web 开发中最常用的分别是 Elements、Console、Sources、Network 和 Application。

以百度首页为例的 Elements 面板如图 2-5 所示。

Elements 面板给出了当前页面上的 HTML 标签元素以及 CSS 样式代码和 JavaScript 代码。当鼠标指针移动到 HTML 标签上时，如果该标签在页面上有对应的显示内容，那么页面上将会有对应内容的高亮显示。也可以通过鼠标双击标签及其内的内容来动态修改页面内容，从而达到在浏览器中动态调整修改页面显示效果的目的。同样，还可以动态修改调整 CSS 样式或者在 Elements 面板的 Computed 子面板中查看当前页面的最终有实际效果的 CSS 样式规则。另外，当我们按住 Ctrl+Shift+C 键(Windows)或 Cmd+Shift+C 键

图 2-3　如何打开 Firefox 开发者工具

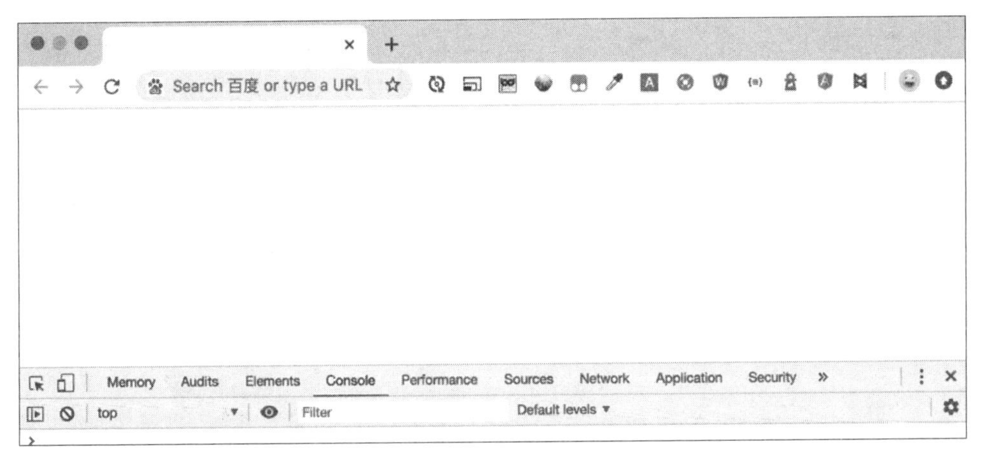

图 2-4　Chrome 开发者工具

(Mac)时，也可以用鼠标选择页面上感兴趣的内容来查看该内容对应的 HTML 标签和 CSS 样式。

以百度首页为例的 Console 面板如图 2-6 所示。

Console 面板给出了当前页面上的控制台输出内容。这些内容一般是浏览器的 JavaScript 代码在执行过程中输出的一些信息，可以是某些代码在执行过程中的错误或警告信息，也可以是开发者主动输出的内容。同时，Console 面板还可以被当作一个 JavaScript 代码实时解释器，在 Console 面板输入 JavaScript 代码并按 Enter 键后，输入的代码就会被立即执行。

图 2-5　Chrome 开发者工具中的 Elements 面板

图 2-6　Chrome 开发者工具中的 Console 面板

所以，Console 面板是一个很好的 JavaScript 学习工具。我们还可以在 Console 面板中输入 JavaScript 代码来动态调整该页面的内容。

以百度首页为例的 Sources 面板如图 2-7 所示。

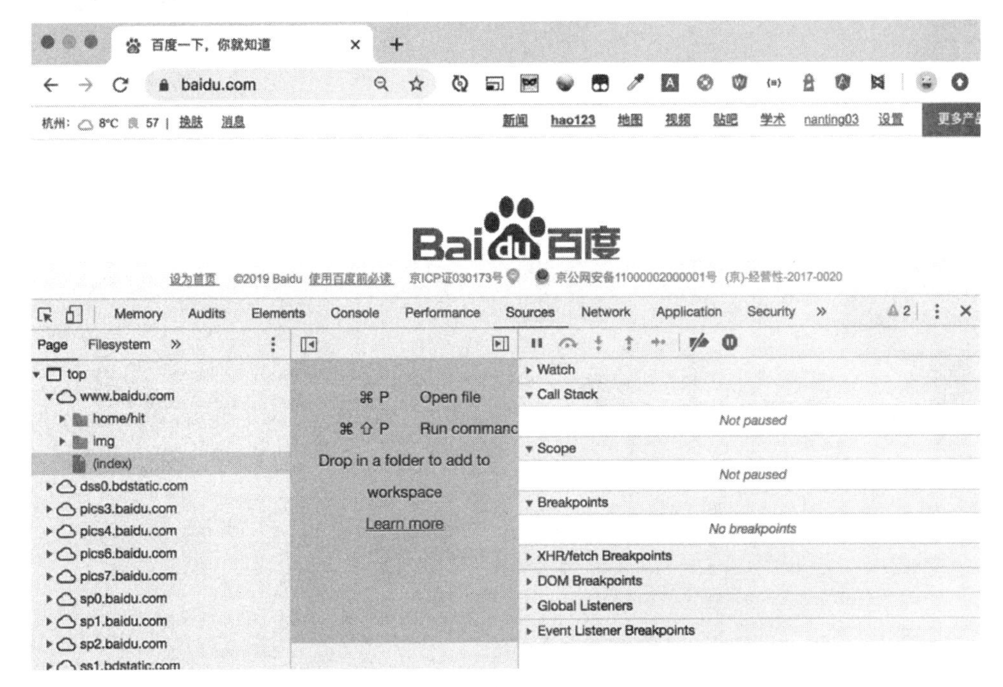

图 2-7　Chrome 开发者工具中的 Sources 面板

Sources 面板给出了当前页面所用到的资源信息，包括 HTML、CSS、JavaScript 文件的路径信息以及当前页面用到的各种图片资源、字体资源等的路径信息。从 Sources 面板可以获知构成当前页面的各种原始文件资源信息，也可以动态加载新的文件到当前项目中。Sources 面板的另一个主要功能是可以提供 JavaScript 代码的调试功能。我们可以在 Sources 面板的 JavaScript 文件中动态地设置和去除断点，设置需要观察的变量、观察 JavaScript 中函数执行过程中 Call Stack 的变化等。

以百度首页为例的 Network 面板如图 2-8 所示。

Network 面板给出了当前页面上所用到的资源通过网络传输到客户端浏览器的相关信息。与 Web 开发相关的信息如下：面板中的 Name 栏给出了资源的名词；Status 栏给出了网络传输的 HTTP 状态码(200 表示传输成功)；Type 栏给出了资源的类型；Size 栏给出了资源的大小；Time 栏给出了资源传输所花费的时间；Waterfall 栏给出了资源传输过程中所经过的各个阶段以及各个阶段所耗费的时间。Waterfall 栏的详细信息如图 2-9 所示。通过检查和研究 Network 面板中各部分的信息，可以知道程序的哪一部分耗时最久，从而可以优化程序，取得较好的用户体验。

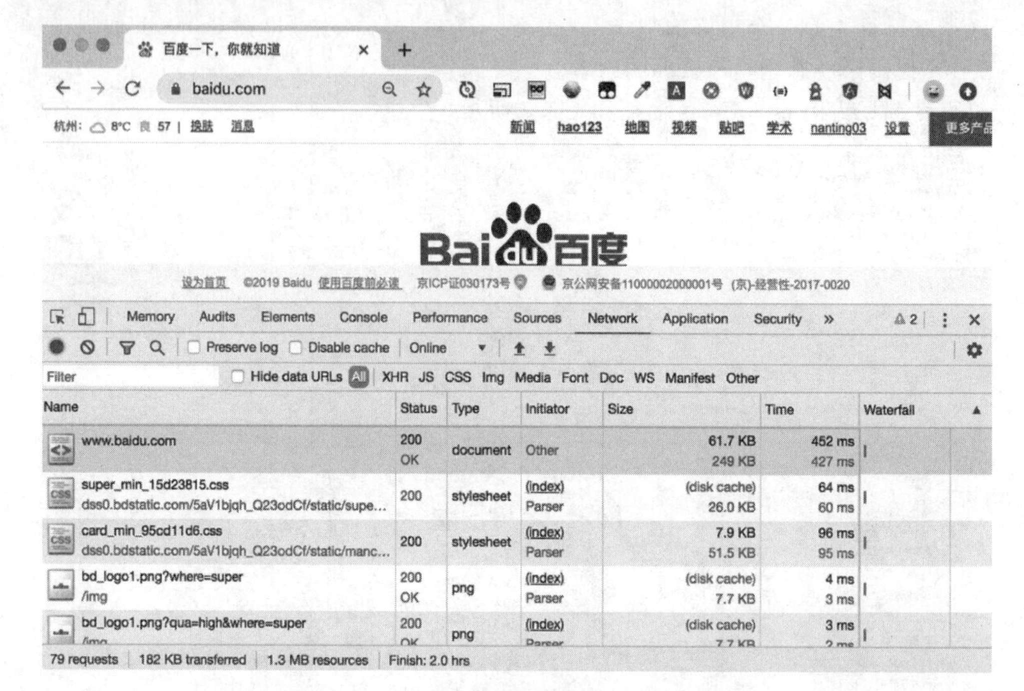

图 2-8　Chrome 开发者工具中的 Network 面板

图 2-9　Chrome 开发者工具中 Network 面板的 Waterfall 部分

以百度首页为例的 Application 面板如图 2-10 所示。

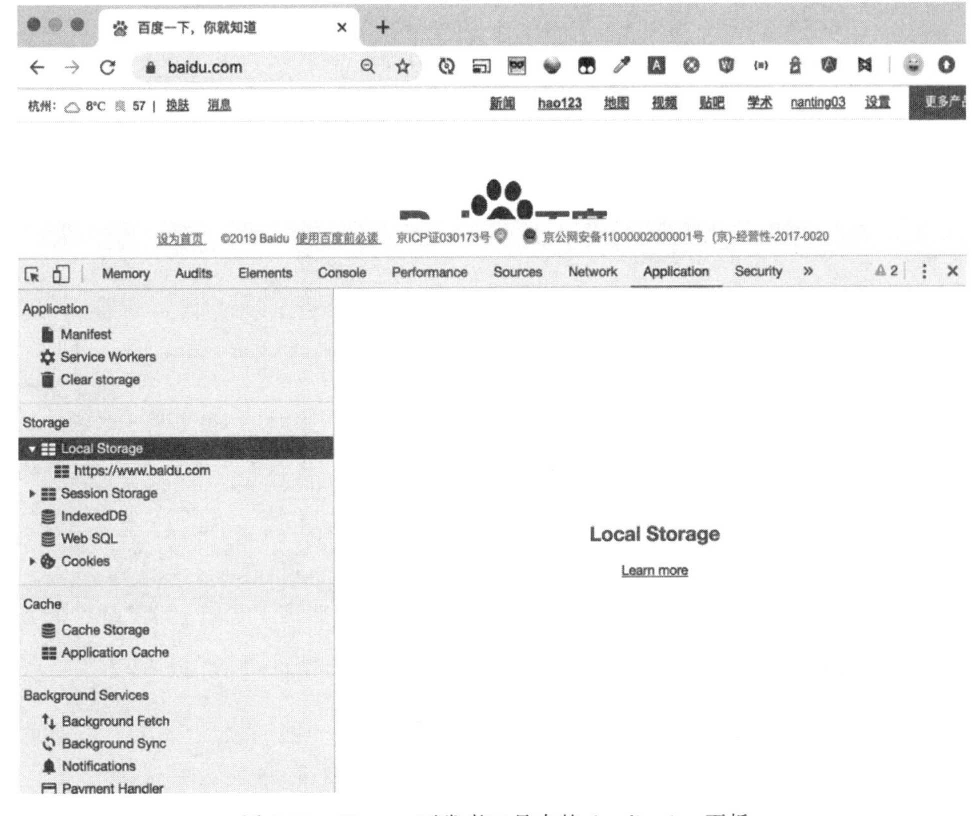

图 2-10　Chrome 开发者工具中的 Application 面板

Application 面板给出了当前页面上应用程序相关的 API 内容。Application 面板的很多内容都是可以通过 JavaScript 进行操作和控制的。该面板中包括与 Application 相关的 Manifest、Service Workers 和 Clear storage 功能；与页面存储相关的 Local Storage、Session Storage、IndexedDB、Web SQL(Chrome 特有)和 Cookies；与 Cache 相关的 Cache Storage 和 Application Cache；与 Background Services 相关的 Background Fetch、Background Sync、Notifications 和 Payment Handler 等。

Application 面板中的 Local Storage 是本书将要重点讲述的一个内容。Local Storage 用来实现在客户端本地硬盘上存储应用程序相关的内容，该内容将会永久存储，除非应用程序或用户主动删除该存储内容。Local Storage 的显示示例如图 2-11 所示。

以上只对 Chrome 开发者工具中常用的几个主要功能面板进行了讲解。Chrome 开发者工具中的内容远不止这些。熟练掌握开发者工具需要长时间的思考和实践。掌握开发者工具可以有效提高 Web 开发者的开发能力，也是整个 Web 开发过程中必须要用到的一个工具。不同浏览器的开发者工具具有类似的功能模块，但差异也是存在的。熟悉不同浏览器的开发者工具是进行跨浏览器开发与浏览器兼容性程序开发的必备技能。

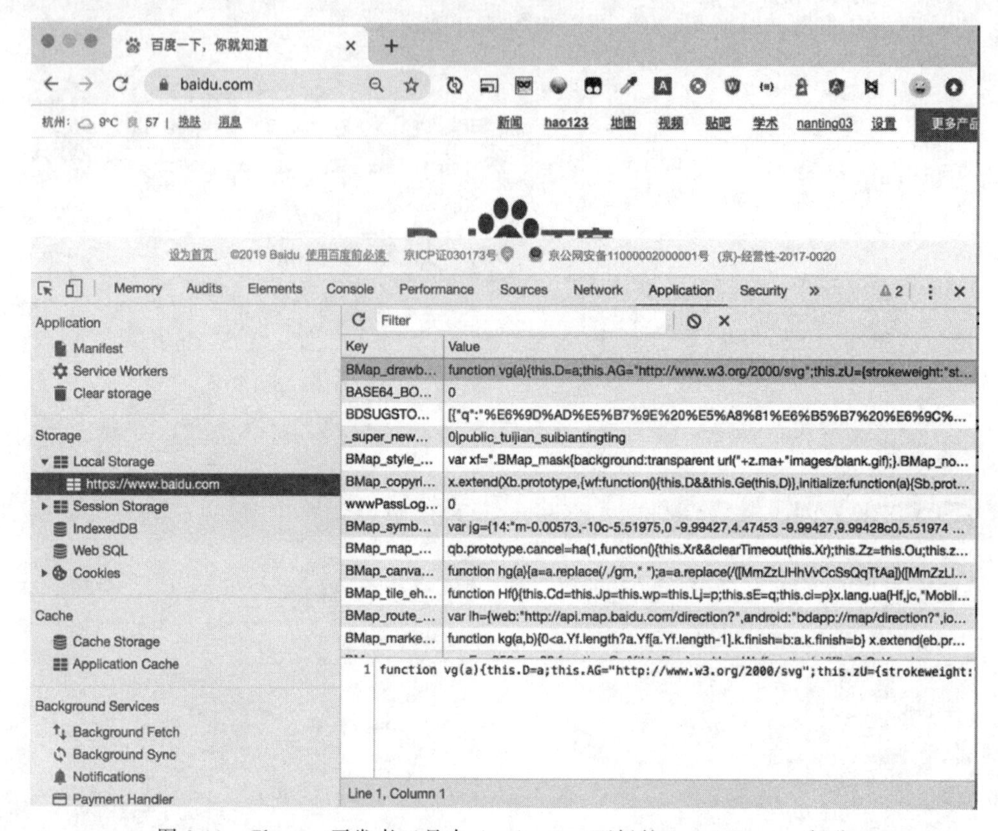

图 2-11　Chrome 开发者工具中 Application 面板的 Local Storage 部分

2.1.2　文本编辑器

虽然我们可以在浏览器中进行简单程序的书写和测试，但要进行系统的 Web 程序开发就需要使用文本编辑器或 IDE 开发工具。本节将简要介绍 Web 开发中常用的两款文本编辑器 VSCode 和 Sublime Text。

VSCode 是目前 Web 前端开发中最流行的文本编辑器。如果还没有安装 VSCode，则需要登录网址 https://code.visualstudio.com 下载并安装。VSCode 分为安装版本和解压缩版本。解压缩版本不需要安装，下载后只要解压缩即可使用。这便于用户随身携带，只需要在工作的计算机上复制后即可使用。

打开 VSCode 后的界面如图 2-12 所示。

VSCode 初始界面比较简洁，常用功能都位于左侧的控制面板上。在熟悉 VSCode 的基本操作后，对于 Web 开发入门者只需要安装一个插件 Live Server。该插件可以使开发者在修改程序并保存后自动同步更新浏览器端的页面显示。安装 Live Server 插件的界面如图 2-13 所示。

October 2019 (version 1.40)

Update 1.40.1: The update addresses these issues.

Update 1.40.2: The update addresses these issues.

Welcome to the October 2019 release of Visual Studio Code. As announced in the October iteration plan, we focused on housekeeping GitHub issues and pull requests as documented in our issue grooming guide. Across all of our VS Code repositories, we closed (either triaged or fixed) 4622 issues, which is even more than during our last housekeeping iteration in September 2018, where we closed 3918 issues. While we closed issues, you created 2195 new issues. This resulted in a net reduction of 2427 issues. The main vscode repository now has 2162 open feature requests and 725 open bugs. In addition, we closed 287 pull requests. As part of this effort, we have also tuned our process and updated the issue triaging workflow.

Same as last year, we used the live tracker from Benjamin Lannon to track our progress:

Month Overview

图 2-12 VSCode 初始界面图

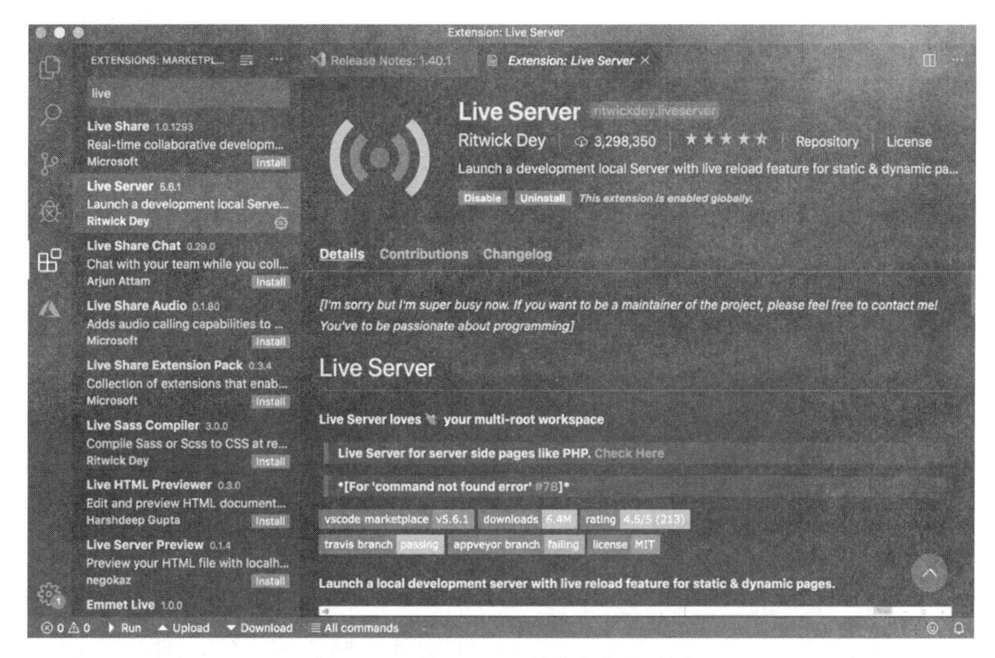

图 2-13 Live Server 插件安装界面图

Sublime Text 是目前 Web 前端开发中另一款流行的文本编辑器。如果还没有安装 Sublime Text，则需要登录网址 www.sublimetext.com 下载并安装。Sublime Text 也分为安装版本和解压缩版本。解压缩版本不需要安装，下载后只要解压缩即可使用。但解压缩版本只有 Windows 系统的。

打开 Sublime Text 后的界面如图 2-14 所示。

图 2-14 Sublime Text 初始界面图

Sublime Text 的初始界面更加简洁，常用功能除了可以通过菜单操作外。还可以像 VSCode 一样，按住 Ctrl+Shift+P 键(Windows)或 Cmd+Shift+P 键(Mac)来打开命令面板，通过输入命令来执行某项操作。Sublime Text 有一个称为 Package Control 的插件管理模块。当按住 Ctrl+Shift+P(Windows)键或 Cmd+Shift+P 键(Mac)打开命令面板后，搜索并选择安装后就可以安装需要的插件。图 2-15 和图 2-16 给出了安装类似 Live Server 的被称为 Live Reload 的插件的过程。

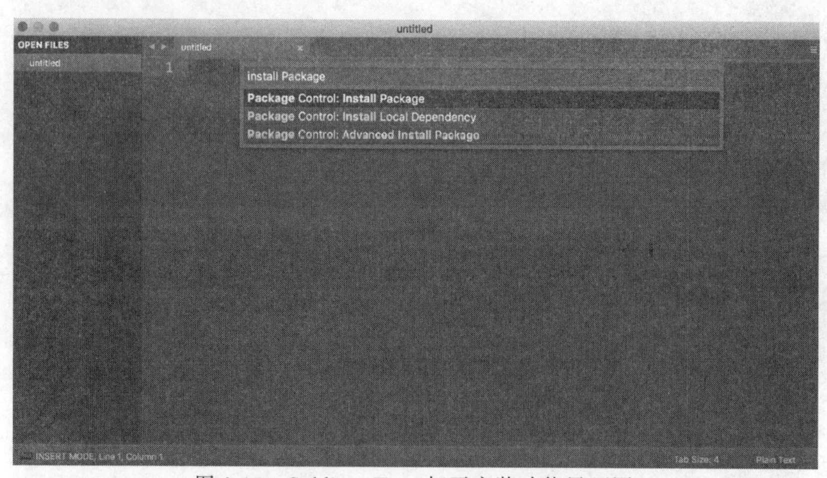

图 2-15 Sublime Text 打开安装功能界面图

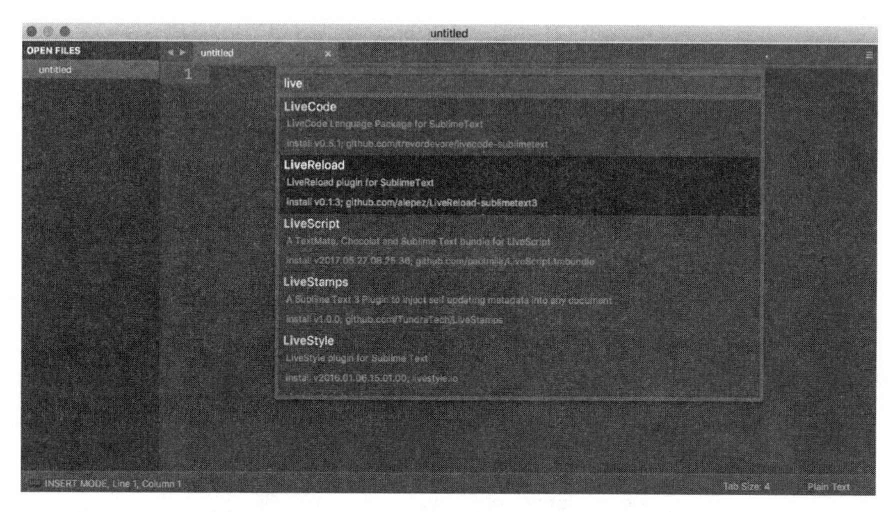

图 2-16　Sublime Text 安装 Live Reload 界面图

熟练掌握快捷键是用好 VSCode 和 Sublime Text 的关键。图 2-17 给出了 VSCode 在 Mac 系统上的常用快捷键。如果是在 Windows 系统上，则只需要把 Cmd 键换成 Ctrl 键即可。图 2-18 给出了 Sublime Text 在 Mac 系统上的常用快捷键。我们注意到，在图 2-17 和图 2-18 所列出的常用快捷键中，VSCode 和 Sublime Text 的大部分快捷键都是相同的。所以，掌握一种文本编辑器往往可以让我们快速地学会另一种文本编辑器的使用。

图 2-17　VSCode 在 Mac 系统上的常用快捷键

图 2-18　Sublime Text 在 Mac 系统上的常用快捷键

2.1.3　IDE

IDE 也被称为集成开发环境。IDE 往往被用在大型复杂的 Web 项目开发过程中。目前市面上可被用来进行 Web 前端开发的有多款 IDE，如 WebStorm、PhpStorm、Netbeans

等。本节将简要介绍最流行的一款 Web 前端开发 IDE——WebStorm。

WebStorm 是 JetBrains 公司开发的一款主要用作 Web 前端开发的 IDE。如果还没有安装 WebStorm 一则需要登录网址 www.jetbrains.com/webstorm/进行下载安装。WebStorm 是一款商业软件，有 30 天的试用期，随后必须购买才能继续使用。WebStorm 有教育版本可免费提供给学校师生使用一年。一年后需要每年申请才能继续免费使用。

使用 WebStorm 创建新项目的初始界面图如图 2-19 所示。

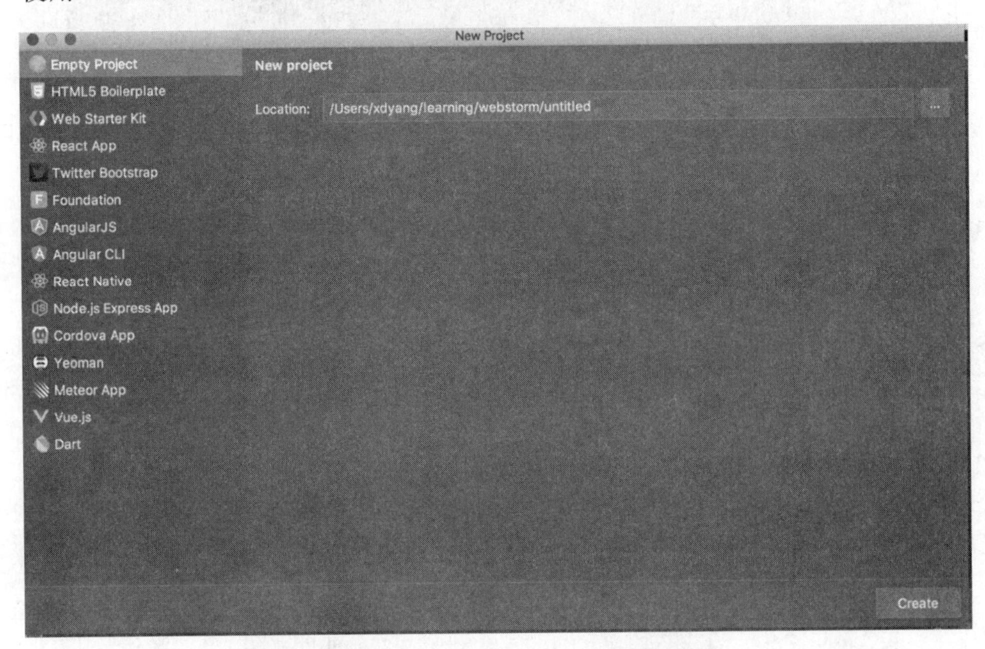

图 2-19 WebStorm 创建新项目的初始界面图

从图 2-19 可以看到，使用 WebStorm 创建新项目时，可以选择 Web 前端开发中的常用模板作为项目的起始基础。基本上常用的前端框架在 WebStorm 中都可以直接使用。如果想在文本编辑器中使用这些前端框架模板，则需要单独进行安装和配置。IDE 的使用可以大大减少环境搭建配置所需要的工作量。但是 IDE 相对于文本编辑器的缺点是：IDE 一般比较笨重，启动和初始化往往比文本编辑器慢。能够根据具体的项目情况选择使用文本编辑器或者 IDE 是 Web 前端开发者必须掌握的技能。

2.2 包管理器与自动化构建工具

前面介绍了文本编辑器和 IDE 的特点和基本使用方法。我们提到，使用 IDE 往往不需要单独配置相关的开发环境。如果使用文本编辑器，则需要自己做这项工作。本节将介绍在使用文本编辑器时如何使用包管理器和自动化构建工具来安装和配置我们需要的特定开发环境。

2.2.1 包管理器

这里的包管理器是指 JavaScript 包管理器，这里特指 NPM 包管理器。使用 NPM 之前必须先安装 Node。可以登录网址 https://nodejs.org 下载并安装 Node。Node 安装成功后就可以使用 NPM 包管理器了。下面以手动安装 Live Server 为例来讲解 NPM 的使用方法。

首先需要打开命令行工具，例如 Windows 上的 cmd 或者 Mac 上的 terminal。这里以 Mac 上的 terminal 为例介绍。在 terminal 中需要创建项目的目录下输入 npm init 初始化项目。如图 2-20 所示。初始化项目后，在当前目录中就会自动生成 package.json 文件，该文件包含了 npm init 过程中生成的该项目相关的一些信息。然后输入 npm install --save live-server 来安装 Live Server，并将 Live Server 保存到配置文件 package.json 中，如图 2-21 所示。这样，当完成 Live Server 的安装后就可以在当前目录下执行 Live Server 命令从而打开以当前目录为工作目录的实时开发本地服务器，如图 2-22 所示。当需要将开发环境安装到其他计算机上时，也只需要将 package.json 文件复制过去，然后在目标目录下执行 npm install 命令就可以配置所有 package.json 所保存的环境安装和配置信息了。

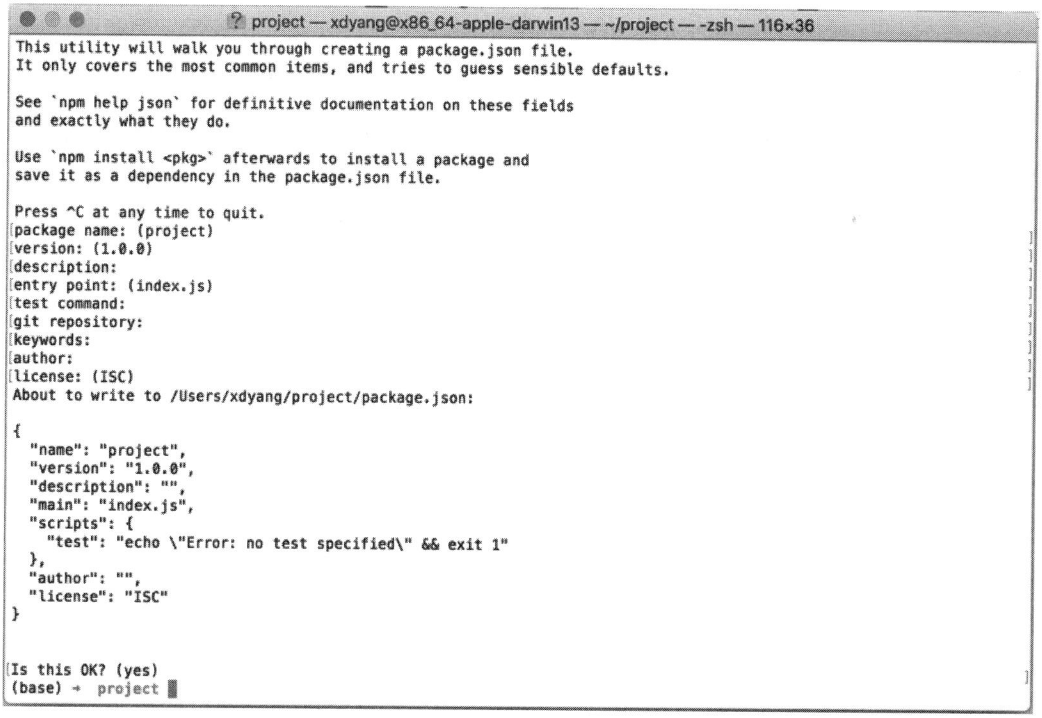

```
project — xdyang@x86_64-apple-darwin13 — ~/project — -zsh — 116×36
This utility will walk you through creating a package.json file.
It only covers the most common items, and tries to guess sensible defaults.

See `npm help json` for definitive documentation on these fields
and exactly what they do.

Use `npm install <pkg>` afterwards to install a package and
save it as a dependency in the package.json file.

Press ^C at any time to quit.
package name: (project)
version: (1.0.0)
description:
entry point: (index.js)
test command:
git repository:
keywords:
author:
license: (ISC)
About to write to /Users/xdyang/project/package.json:

{
  "name": "project",
  "version": "1.0.0",
  "description": "",
  "main": "index.js",
  "scripts": {
    "test": "echo \"Error: no test specified\" && exit 1"
  },
  "author": "",
  "license": "ISC"
}


Is this OK? (yes)
(base) → project
```

图 2-20 npm init 执行界面图

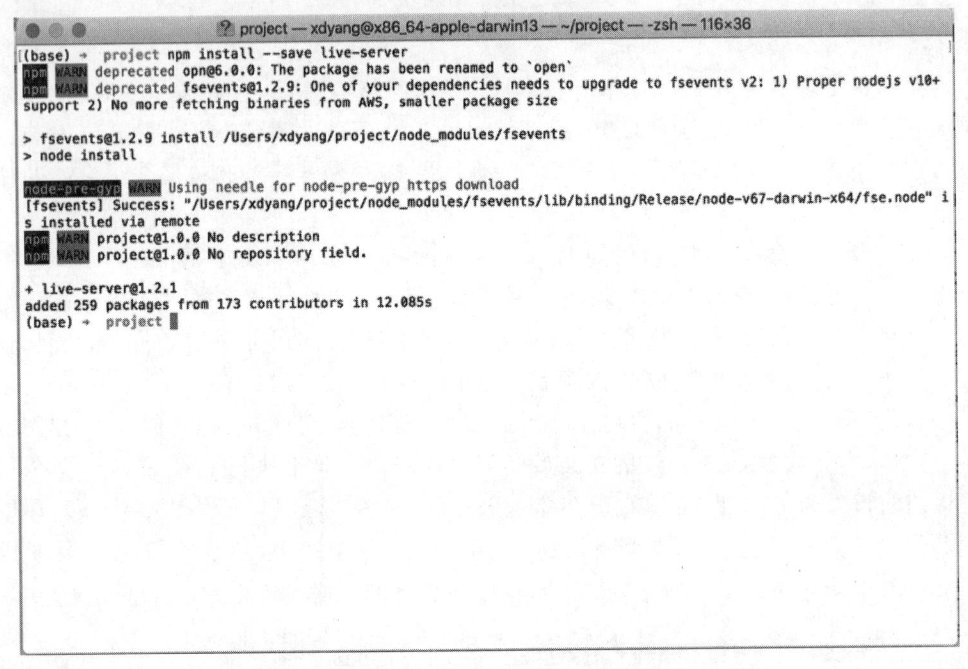

图 2-21　npm install 执行界面图

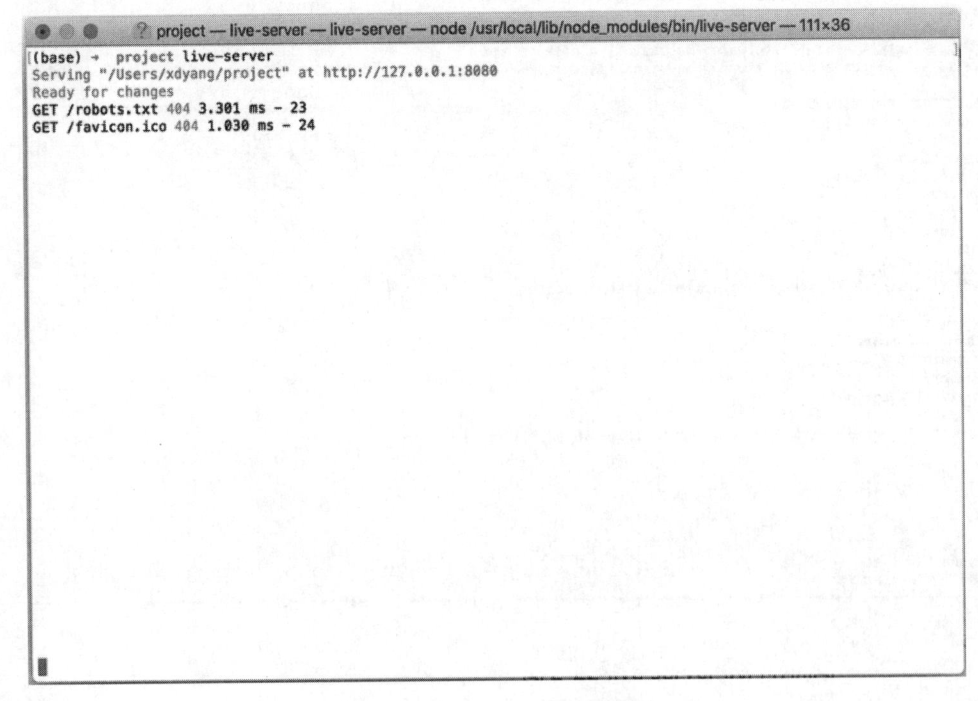

图 2-22　live-server 执行界面图

2.2.2 自动化构建工具

这里的自动化构建工具是指可以让 Web 前端开发中的某些开发任务自动完成的工具。例如，将 CSS 的预处理语言 Less 或 Sass 编译为 CSS 代码；将 TypeScript 或 CoffeeScript 编译为 JavaScript；将 HTML、CSS 和 JavaScript 文件进行压缩处理；等等。常用的自动化构建工具有 Grunt、Gulp、Rollup 和 Webpack 等。目前最流行的是 Webpack。由于每种自动化工具的使用方法不同，故本节仅以 Webpack 为例来讲解自动化工具的基本使用方法。

作为一款自动化构建工具，Webpack 可以将所有代码资源打包成需要的文件，主要用作模块打包器，其基本功能如图 2-23 所示。

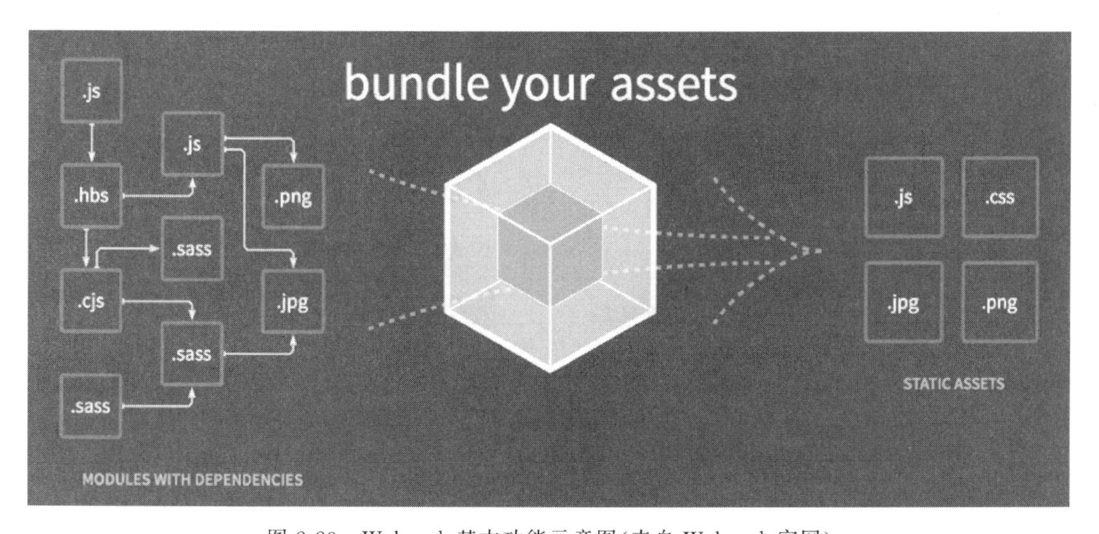

图 2-23 Webpack 基本功能示意图(来自 Webpack 官网)

使用 Webpack 之前需要安装 Webpack。要在之前的目录下安装 Webpack，只需要运行 npm install --save webpack webpack-cli 命令，如图 2-24 所示。

下面使用 Webpack 合并两个 JavaScript 文件并打包成一个 JavaScript 文件。先创建 script1. js 文件和 script2. js 文件，分别如图 2-25 和图 2-26 所示。

然后在 terminal 中运行 webpack script2. js -o dist/bundle. js，就会在 dist 目录下生成 script1. js 和 script2. js 合并后的 bundle. js 文件，如图 2-27 所示。这时，如果运行 bundle. js 文件，就会看到 script1. js 和 script2. js 合并后的执行结果，如图 2-28 所示。

```
project — xdyang@x86_64-apple-darwin13 — ~/project — -zsh — 111×36
(base) → project npm install --save webpack webpack-cli
npm WARN project@1.0.0 No description
npm WARN project@1.0.0 No repository field.

+ webpack-cli@3.3.10
+ webpack@4.41.2
added 252 packages from 159 contributors in 78.69s
(base) → project
```

图 2-24　安装 Webpack 示意图

```
module.exports = () ⇒ 'hello world';
```

图 2-25　script1.js 文件示意图

```
const str = require('./script1');
console.log(str);
```

图 2-26　script2.js 文件示意图

```
project — xdyang@x86_64-apple-darwin13 — ~/project — -zsh — 111×36
(base) → project webpack script2.js -o dist/bundle.js
Hash: ead6644e52420ee9e86d
Version: webpack 4.8.3
Time: 279ms
Built at: 12/01/2019 6:33:01 PM
    Asset       Size  Chunks             Chunk Names
bundle.js  621 bytes       0  [emitted]  main
Entrypoint main = bundle.js
[0] ./script1.js 39 bytes {0} [built]
[1] ./script2.js 55 bytes {0} [built]

WARNING in configuration
The 'mode' option has not been set, webpack will fallback to 'production' for this value. Set 'mode' option to
'development' or 'production' to enable defaults for each environment.
You can also set it to 'none' to disable any default behavior. Learn more: https://webpack.js.org/concepts/mode
/
(base) → project
```

图 2-27　Webpack 打包操作示意图

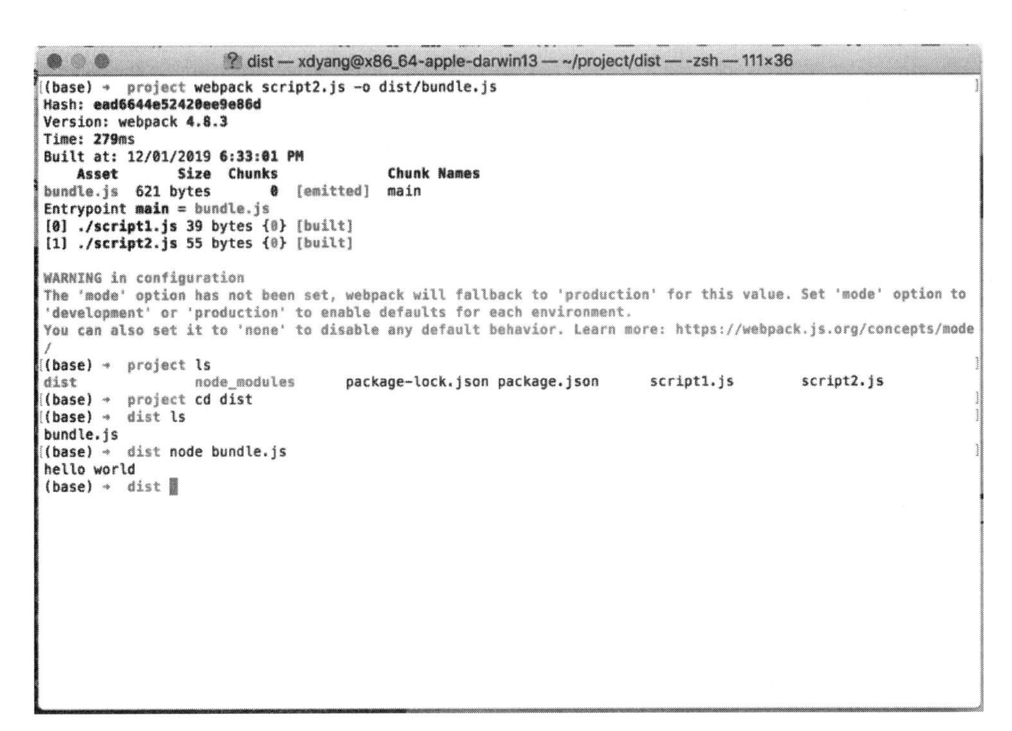

图 2-28　bundle.js 执行结果示意图

本章小结

“工欲善其事，必先利其器。”Web 前端开发环境的搭建是进行 Web 前端开发的必要准备工作，主要包括浏览器的安装、文本编辑器或 IDE 的安装，以及包管理器和自动化构建工具的安装和配置。本章重点介绍了 Chrome 和 Firefox 浏览器，特别详细介绍了 Chrome 开发者工具的使用。我们介绍了 VSCode 和 Sublime Text 文本编辑器并比较了它们的相同点和不同点，指出了 VSCode 编辑器是目前最流行的 Web 前端开发文本编辑器。在众多 IDE 中我们选择 WebStorm 进行了简单讲解。包管理器和自动化构建工具对于初次接触 Web 开发又没有其他编程经验的学习者来说具有一定的入门门槛，在这方面我们介绍了 Web 前端开发中的包管理器 NPM 以及目前最流行的前端打包和自动化构建工具 Webpack。有了本章的这些基础，读者就可以搭建进行后续 Web 前端开发的必要开发环境，从而进行后续的有效学习。

本章主要介绍了如下内容：

（1）Web 前端开发中常用的浏览器的安装和使用。

（2）Web 前端开发中常用的文本编辑器和 IDE 的安装与使用。

（3）Web 前端开发中常用的包管理器和自动化构建工具的安装与使用。

思考题

(1) 请简单列举 Web 前端开发中常用的浏览器和代码编辑器。

(2) 请简述 Web 前端开发中 Webpack 的作用。

(3) 请讲述你所选择使用的代码编辑器及选择的原因。

第一篇　HTML5基础

HTML 是一种标记语言。HTML 的全称为 Hyper Text Markup Language。HTML 主要用来描述 Web 页面的内容，HTML 标签的主要作用就是进行页面内容的语义描述。本篇介绍 HTML 的使用。

第3章 HTML5的标签与标签属性

CHAPTER 3

微课视频3

HTML是一种标记语言。标记语言的目的是提供一系列的标签及标签所具有的属性来对内容进行描述。HTML5的标签和属性在之前版本的基础上进行了扩展和修改，增加了一些表达语义的标签，同时摒弃了一些原来用来实现样式的标签。通过这些调整，HTML进一步增强了其原有的功能属性——用来描述内容本身而非表达样式。HTML5摒弃的旧有标签如图3-1所示。

acronym	isindex	strike	font
bgsound	listing	xmp	marquee
dir	nextid	basefont	multicol
frame	noembed	big	nobr
frameset	plaintext	blink	spacer
noframes	rb	center	tt

图3-1　HTML5摒弃的旧有标签

在图3-1中，HTML5之前常用的一些标签不再建议使用。这些不再建议使用的标签主要分3类：第一类是表达样式的标签，例如big、font等，这类标签可以用CSS来实现；第二类是结构类标签，例如frameset，这类标签给网页的完整连贯性带来了一定的破坏，这类标签可以用其他标签（例如div和CSS）实现；第三类是不再使用或者可能带来混乱性的标签，例如applet，这类标签可以用其他标签或CSS结合JavaScript来实现。

除了标签，HTML5还有一些被摒弃的属性，如图3-2所示。这类被摒弃的属性一般都有其他的替代方案。

图3-1和图3-2所示的标签和属性在一般情况下不需要特意记住，在多加练习的情况下，自然会用正确的标签去实现和表达。

abbr	charoff	datapagesize	longdesc	nowrap	text
accept	charset	datasrc	lowsrc	profile	type
align	classid	declare	marginbottom	rev	urn
alink	clear	elements	marginheight	rules	usemap
archive	code	event	marginleft	scheme	valign
axis	codebase	for	marginright	scope	valuetype
background	codetype	frame	margintop	scrolling	version
bgcolor	color	frameborder	marginwidth	shape	vlink
border	compact	height	methods	size	vspace
cellpadding	coords	hspace	name	standby	width
cellspacing	datafld	language	nohref	summary	
char	dataformats	link	noshade	target	

图 3-2　HTML5 摒弃的旧有属性

本章将详细讲解 HTML5 中部分新增加的标签和属性。

本章首先介绍 HTML5 中的语义标签，然后对 HTML5 中常用的、新增加的属性进行介绍，最后介绍 HTML5 规范性的验证和浏览器的支持情况。所有内容都将结合实例进行示范讲解。本章应重点掌握以下要点：

（1）掌握 HTML5 中的语义标签；

（2）掌握 HTML5 中的常用属性；

（3）掌握 HTML5 中标签和属性的实践技能。

3.1　语义标签

语义标签的主要功能是对内容进行语义方面的描述，例如标题、段落、图片、侧边栏、页眉、页脚等。HTML5 之前的标签功能比较混乱，有些是表达语义的，例如 img、h1～h6 等；有些是表达样式的，例如 font，这类标签已经被废弃；还有一些没有任何语义，例如 div、span 等。

语义标签的一个主要作用是可以给搜索引擎提供关于所在页面的信息，从而便于该页面被更好地检索到。

3.1.1　HTML5 中的语义标签

HTML5 中新增加的语义标签主要包括 main、nav、section、header、footer、aside、article 等。图 3-3 给出了常用的 HTML5 语义标签的使用示范。在 HTML5 之前，这些标签一般都用 div 来实现，图 3-4 是对图 3-3 采用 div 的实现。

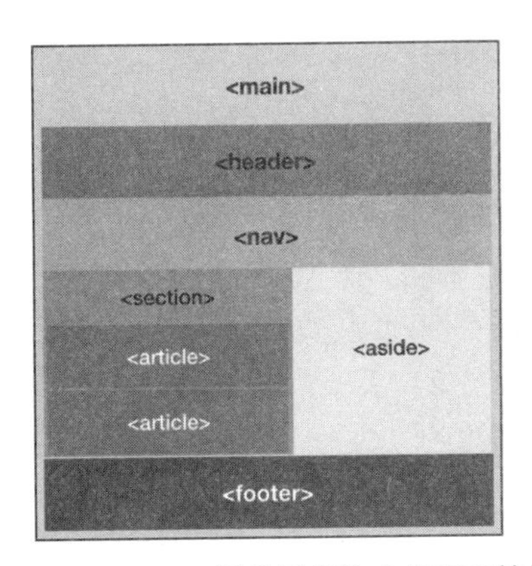

图 3-3 HTML5 语义标签构成的页面结构

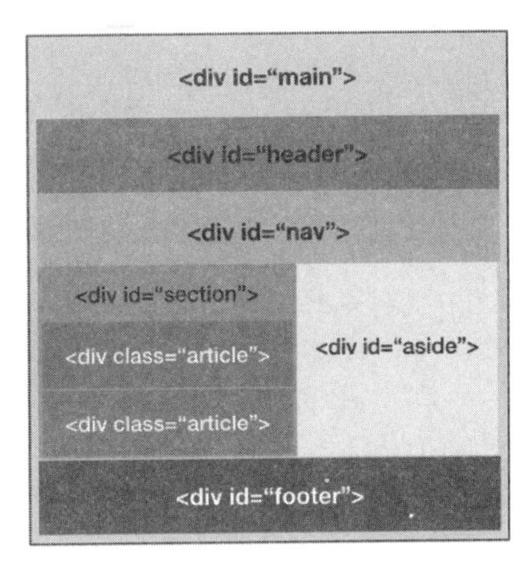

图 3-4 采用 div 标签实现的页面结构

3.1.2 HTML5 中的语义标签程序实例

本节展示如何使用 HTML5 中的语义标签来完成一个程序实例。

任务：使用 HTML5 中的语义标签实现一个简单的用户登录页面，要求提供用户名和密码的输入功能以及提交按钮。效果图如图 3-5 所示。

程序实现：该页面的 HTML 代码如图 3-6 所示，CSS 代码如图 3-7 所示。

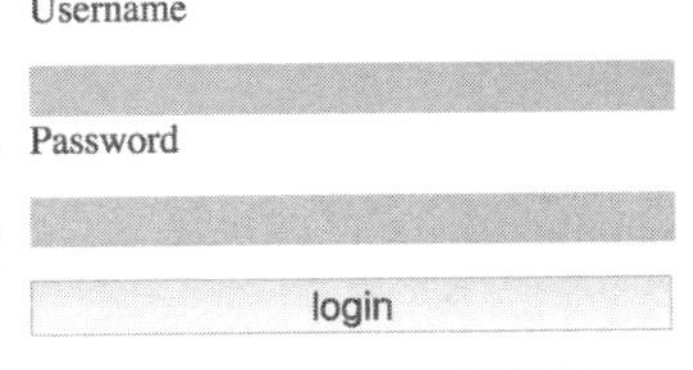

图 3-5 登录页面效果图

```
<!DOCTYPE html>
<html lang="en">
<head>
    <meta charset="UTF-8">
    <meta name="viewport" content="width=device-width, initial-scale=1.0">
    <meta http-equiv="X-UA-Compatible" content="ie=edge">
    <title>login</title>
    <link rel="stylesheet" href="style.css">
</head>
<body>
    <section id="login">
        <label for="username">Username</label>
        <input type="text" id="username">
        <label for="password">Password</label>
        <input type="text" id="password">
        <button>login</button>
    </section>
    <script src="script.js"></script>
</body>
</html>
```

图 3-6 登录页面 HTML 代码

```
section#login {
    width: 400px;
    margin: 50px auto;
    font-size: 1.5rem;
}
input, button {
    width: 100%;
    font-size: 1.5rem;
    margin-top: 20px;
}
input {
    border: none;
    background-color: #ccc;
}
```

图 3-7 登录页面 CSS 代码

3.2 标签属性

HTML 的标签都可以带有不同的属性。属性的名字在等号的左边，属性的值在等号的右边并用引号引起来。在图 3-6 中可以看到不同的属性的用法，如 id、for、type，后面还会看到更多的属性。有些属性只能用在某些标签中，如 for 属性。HTML5 中新增加了一些属性并在旧有属性上增加了一些新的可取值。

3.2.1 HTML5 中的新标签属性及值

HTML5 中新增加的属性如图 3-8 所示。这里重点介绍 data 属性的用法。data 属性的作用是给标签增加额外的字符串存储空间，可以给标签增加额外的与之绑定的内容供程序使用。

例如，如果要给图 3-6 中的 HTML 增加关于用户名的额外信息——固定的公司名字(mycom)，那么可以将图 3-6 中的代码改为如图 3-8 所示。

```
<!DOCTYPE html>
<html lang="en">
<head>
    <meta charset="UTF-8">
    <meta name="viewport" content="width=device-width, initial-scale=1.0">
    <meta http-equiv="X-UA-Compatible" content="ie=edge">
    <title>login</title>
    <link rel="stylesheet" href="style.css">
</head>
<body>
    <section id="login">
        <label for="username">Username</label>
        <input type="text" id="username" data-com="mycom">
        <label for="password">Password</label>
        <input type="text" id="password">
        <button>login</button>
    </section>
    <script src="script.js"></script>
</body>
</html>
```

图 3-8 登录页面 HTML 含有 data 属性代码图

这样在 Script 文件中就可以通过该属性所在元素的 dataset 对象下的与该属性名字相同的属性获得相应的信息，如图 3-9 所示。

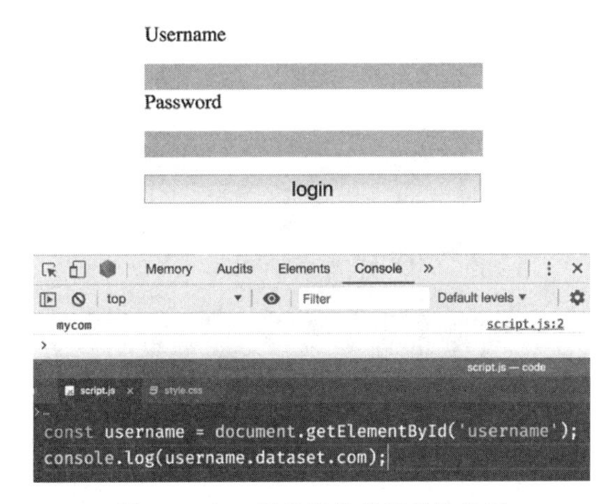

图 3-9　data 属性操作代码及效果图

除了 dataset 这种可以自定义的标签属性外，HTML5 中还对某些已有属性添加了新的可以取的值。这里重点对 input 标签中的 type 属性的不同的值进行讲解。

从图 3-8 和图 3-6 中可以看到 input 标签的 type 属性的值是 text，这也是 type 属性的默认值。type 属性的其他可取值为：

password——用来定义密码，输入的密码都被显示为星号，代码和效果如图 3-10 所示。

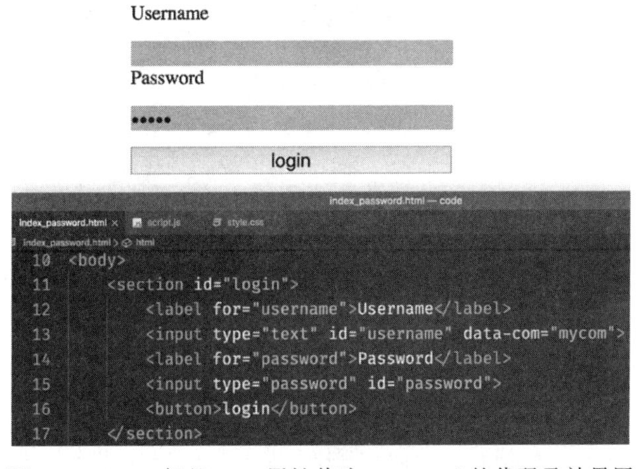

图 3-10　input 标签 type 属性值为 password 的代码及效果图

file——用来定义文件，用户可以通过单击按钮选择文件，代码和效果如图 3-11 所示。注意，此处并没有改变之前的样式文件。

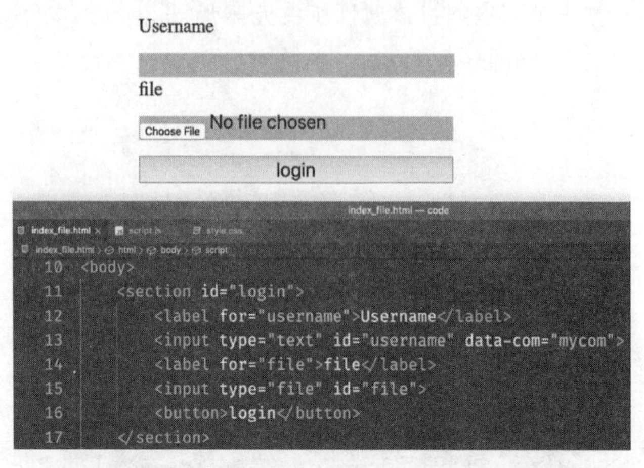

图 3-11 input 标签 type 属性值为 file 的代码及效果图

hidden——用来隐藏保存的内容,在存储功能方面有时和 data 属性相同,代码和效果如图 3-12 所示。

图 3-12 input 标签 type 属性值为 hidden 的代码及效果图

button——用来定义按钮,代码和效果如图 3-13 所示。注意,此处仍然没有改变之前的样式文件,虽然此处值为 button 的 input 标签看上去和值为 text 的 input 的标签样式一样,但是 type 值为 button 的 input 标签是不可以单击的。

submit——用来定义提交按钮,单击后会提交 form 中的内容,代码和效果如图 3-14 所示。

reset——用来定义重置按钮,单击后会清除 form 中的内容,代码和效果如图 3-15 所示。

image——用来定义图像按钮,代码和效果如图 3-16 所示。我们注意到,当 input 标签的 type 属性为 image 时,input 标签便具有了和 img 标签同样的效果和功能。

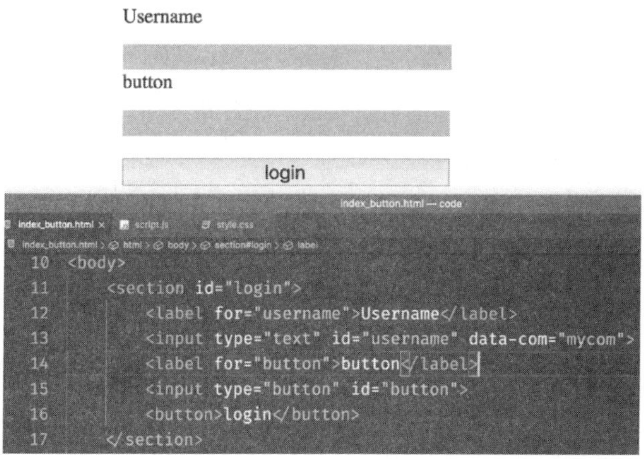

Username

button

login

index_button.html — code

```
10 <body>
11     <section id="login">
12         <label for="username">Username</label>
13         <input type="text" id="username" data-com="mycom">
14         <label for="button">button</label>
15         <input type="button" id="button">
16         <button>login</button>
17     </section>
```

图 3-13　input 标签 type 属性值为 button 的代码及效果图

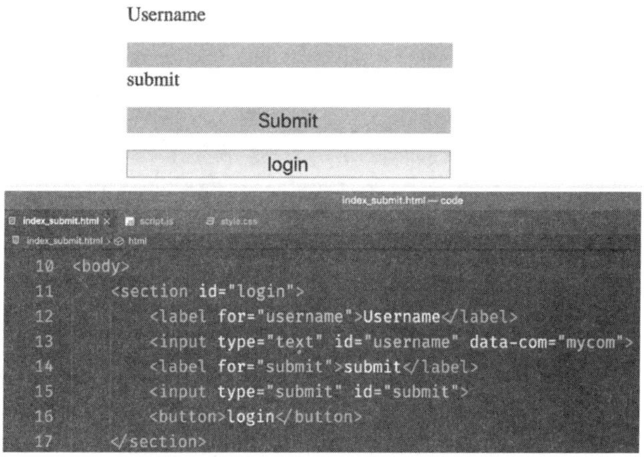

Username

submit

Submit

login

index_submit.html — code

```
10 <body>
11     <section id="login">
12         <label for="username">Username</label>
13         <input type="text" id="username" data-com="mycom">
14         <label for="submit">submit</label>
15         <input type="submit" id="submit">
16         <button>login</button>
17     </section>
```

图 3-14　input 标签 type 属性值为 submit 的代码及效果图

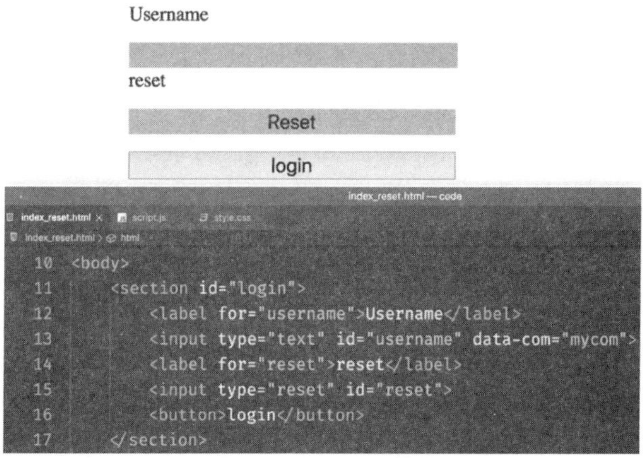

Username

reset

Reset

login

index_reset.html — code

```
10 <body>
11     <section id="login">
12         <label for="username">Username</label>
13         <input type="text" id="username" data-com="mycom">
14         <label for="reset">reset</label>
15         <input type="reset" id="reset">
16         <button>login</button>
17     </section>
```

图 3-15　input 标签 type 属性值为 reset 的代码及效果图

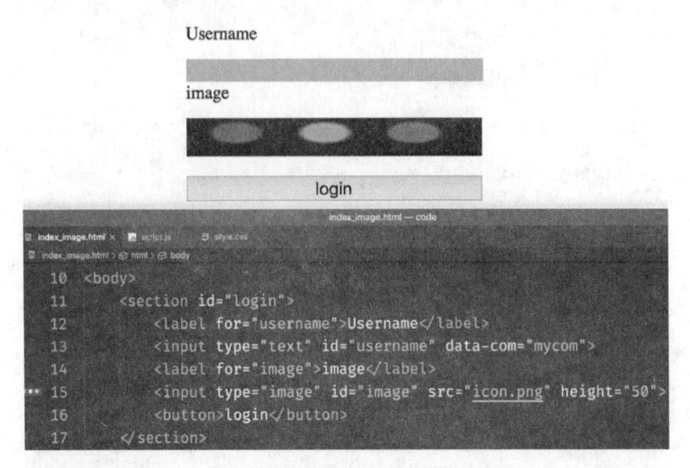

图 3-16 input 标签 type 属性值为 image 的代码及效果图

radio——用来定义单选按钮，具有相同 name 属性值的 input 标签同时只能有一个被选中，代码和效果如图 3-17 所示。该图表示了当该 input 标签被选中时的样式。

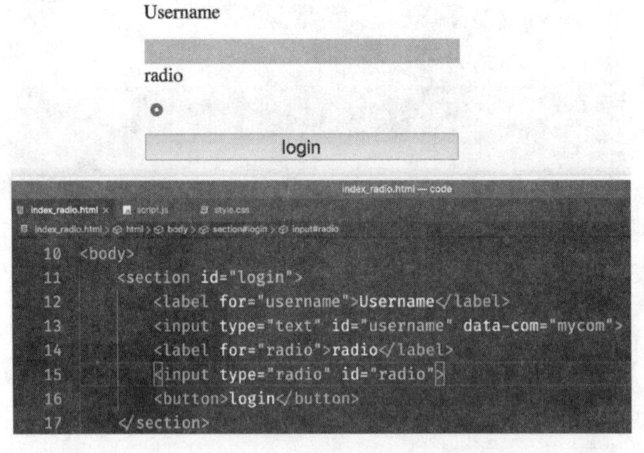

图 3-17 input 标签 type 属性值为 radio 的代码及效果图

checkbox——用来定义复选框，具有相同 name 属性值的 input 同时可以有一个被选中，代码和效果如图 3-18 所示。

除了以上这些 input 标签的 type 属性外，HTML5 中还为 input 标签增加了其他属性，下面具体介绍：

color——用来定义颜色选择器，不同的浏览器会提供不同的颜色选择器的样式，代码和效果如图 3-19 所示。当单击图 3-19 上部的黑色区域后，浏览器会打开颜色选择面板，在此用户可以非常方便地选择需要的颜色。

time——用来定义时间选择器，不同的浏览器会提供不同的时间选择器的样式，代码和效果如图 3-20 所示。

Username

checkbox

login

index_checkbox.html — code

index_checkbox.html × script.js style.css

index_checkbox.html > html > body

```
10  <body>
11      <section id="login">
12          <label for="username">Username</label>
13          <input type="text" id="username" data-com="mycom">
14          <label for="checkbox">checkbox</label>
15          <input type="checkbox" id="checkbox">
16          <button>login</button>
17      </section>
```

图 3-18　input 标签 type 属性值为 checkbox 的代码及效果图

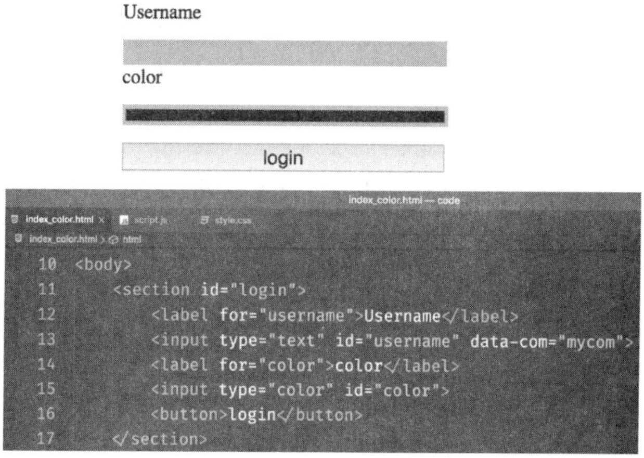

Username

color

login

index_color.html — code

index_color.html × script.js style.css

index_color.html > html

```
10  <body>
11      <section id="login">
12          <label for="username">Username</label>
13          <input type="text" id="username" data-com="mycom">
14          <label for="color">color</label>
15          <input type="color" id="color">
16          <button>login</button>
17      </section>
```

图 3-19　input 标签 type 属性值为 color 的代码及效果图

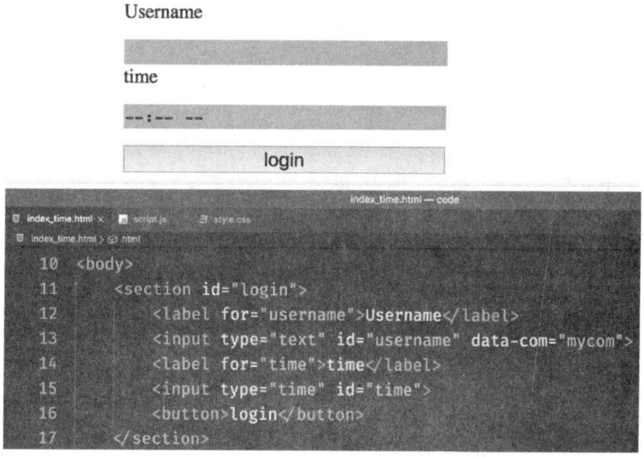

Username

time

--:-- --

login

index_time.html — code

index_time.html × script.js style.css

index_time.html > html

```
10  <body>
11      <section id="login">
12          <label for="username">Username</label>
13          <input type="text" id="username" data-com="mycom">
14          <label for="time">time</label>
15          <input type="time" id="time">
16          <button>login</button>
17      </section>
```

图 3-20　input 标签 type 属性值为 time 的代码及效果图

date——用来定义日期选择器，不同的浏览器会提供不同的日期选择器的样式，代码和效果如图 3-21 所示。

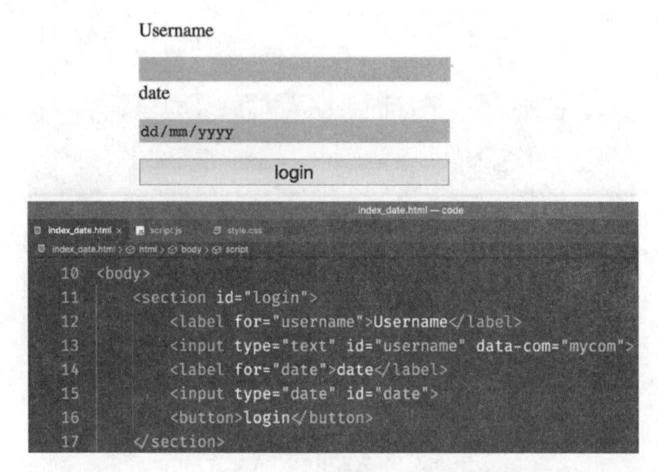

图 3-21 input 标签 type 属性值为 date 的代码及效果图

number——用来定义只能输入数字的输入框，代码和效果如图 3-22 所示。我们注意到，当单击 type 属性值为 number 的输入框时，该输入框右边会出现可以单击的上下箭头，通过这种方式可以快速对该数值加 1 或减 1。而且，该输入框中只能是数字。

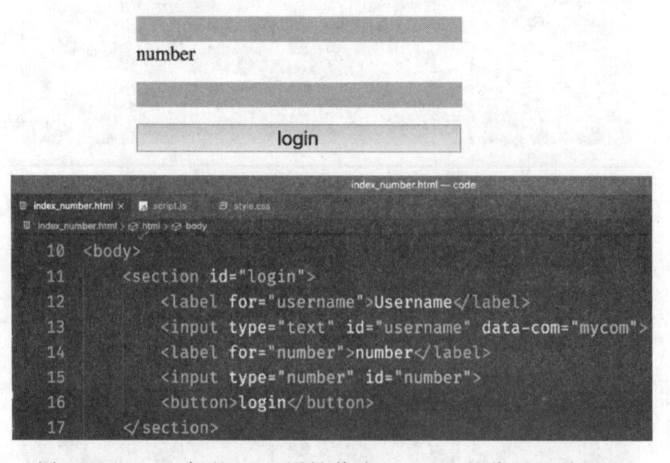

图 3-22 input 标签 type 属性值为 number 的代码及效果图

email——用来定义只能输入含有@符号的输入框，代码和效果如图 3-23 所示。

url——用来定义 url 输入框，代码和效果如图 3-24 所示。当作为表单 form 的内容提交时，如果输入框中的内容不含有 url 必有的字段(如：//)，则会提示错误。

search——用来定义搜索输入框，代码和效果如图 3-25 所示。

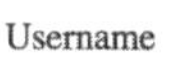

Username

email

login

```
index_email.html — code
index_email.html > html > body > section#login > button
10 <body>
11     <section id="login">
12         <label for="username">Username</label>
13         <input type="text" id="username" data-com="mycom">
14         <label for="email">email</label>
15         <input type="email" id="email">
16         <button>login</button>
17     </section>
```

图 3-23　input 标签 type 属性值为 email 的代码及效果图

Username

url

login

```
index_url.html — code
index_url.html > html > body
10 <body>
11     <section id="login">
12         <label for="username">Username</label>
13         <input type="text" id="username" data-com="mycom">
14         <label for="url">url</label>
15         <input type="url" id="url">
16         <button>login</button>
17     </section>
```

图 3-24　input 标签 type 属性值为 url 的代码及效果图

Username

search

login

```
index_search.html — code
<body>
    <section id="login">
        <label for="username">Username</label>
        <input type="text" id="username" data-com="mycom">
        <label for="search">search</label>
        <input type="search" id="search">
        <button>login</button>
```

图 3-25　input 标签 type 属性值为 search 的代码及效果图

range——用来输入范围，一般以滑动条的样式显示出来，代码和效果如图 3-26 所示。

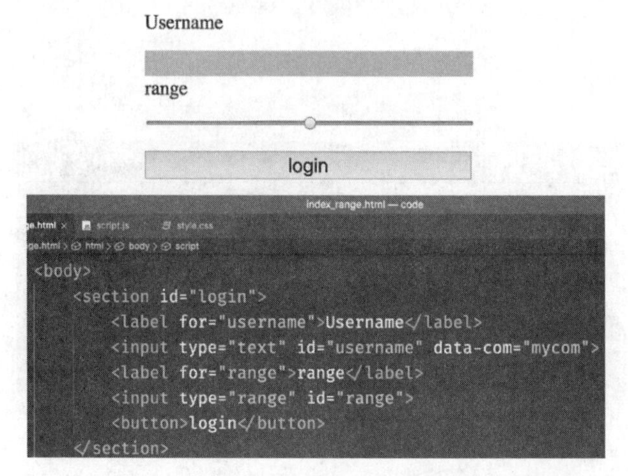

图 3-26　input 标签 type 属性值为 range 的代码及效果图

tel——用来定义电话号码输入框，在移动端上输入时一般会自动打开数字键盘，代码和效果如图 3-27 所示。需要注意的是，图 3-27 是在台式机上打开该页面时的效果图。

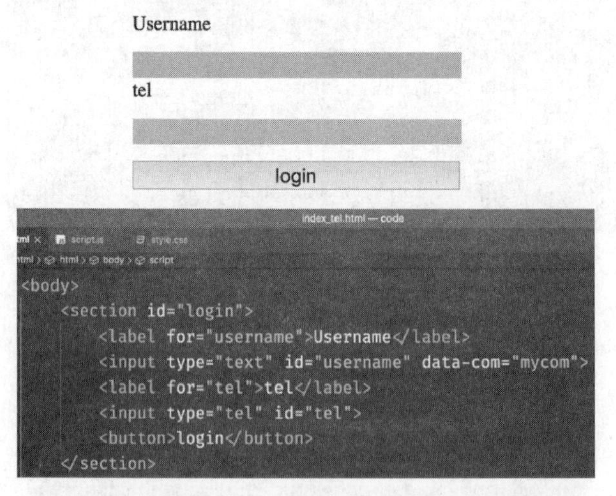

图 3-27　input 标签 type 属性值为 tel 的代码及效果图

3.2.2　HTML5 中的标签属性程序示例

任务：使用 HTML5 中的语义标签及相关属性实现一个简单的用户登录页面，要求提供用户名和密码的输入功能以及提交按钮。效果图如图 3-5 所示。

程序实现：该页面的 HTML 代码如图 3-28 所示，CSS 代码如图 3-29 所示。

```
<!DOCTYPE html>
<html lang="en">
<head>
    <meta charset="UTF-8">
    <meta name="viewport" content="width=device-width, initial-scale=1.0">
    <meta http-equiv="X-UA-Compatible" content="ie=edge">
    <title>login</title>
    <link rel="stylesheet" href="style.css">
</head>
<body>
    <section id="login">
        <label for="username">Username</label>
        <input type="text" id="username" data-com="mycom">
        <label for="password">Password</label>
        <input type="password" id="password">
        <input type="submit" id="submit" value="login">
    </section>
    <script src="script.js"></script>
</body>
</html>
```

图 3-28 登录页面 HTML 代码

```
section#login {
    width: 400px;
    margin: 50px auto;
    font-size: 1.5rem;
}
input, button {
    width: 100%;
    font-size: 1.5rem;
    margin-top: 20px;
}
input {
    border: none;
    background-color: #ccc;
}
input[type='submit'] {
    border: 1px solid #aaa;
    background-color: #eee;
}
```

图 3-29 登录页面 CSS 代码

3.3 HTML5 语法验证与浏览器支持

HTML5 给出了当前书写 HTML 的最新规范。虽然浏览器对旧有的 HTML 写法仍然是支持的，但是以 HTML5 的规范来书写 HTML 是对开发者的一个必然要求。本节简要介绍如何确保自己的代码符合 HTML5 的规范，同时，了解各个主流浏览器对 HTML5 的支持情况，以便在跨浏览器开发和浏览器兼容性方面有更清晰的指导意见。

3.3.1 HTML5 语法是否符合规范的验证方法

如果要验证所编写代码中的 HTML 标签是否符合 HTML5 的规范，可以登录网址 https://validator.w3.org 来进行验证[3]，如图 3-30 所示。该网址提供了 3 种验证方法：通过网址 URI 来验证、通过上传文件来验证和通过直接输入来验证。注意，这里的验证只是对 HTML 标签的验证，而并不能对 CSS 和 JavaScript 进行验证。

例如，要对如图 3-28 所示的代码进行验证，我们选择通过输入验证。将代码复制粘贴到网址的输入框中，然后单击 Check 按钮，结果如图 3-31 所示。

从图 3-31 可以看到，文档通过了验证，但是也给出了一条警告信息，告诉我们建议在 Section 标签内增加 heading 标签 h2～h6。

3.3.2 HTML5 标签与标签属性的浏览器支持情况

了解 HTML5 标签与标签属性或其他 CSS 及 JavaScript 在各个浏览器中的支持情况的最好办法是直接在各个浏览器中进行代码验证。另一种更方便的方法是通过网址来进行查询，如图 3-32 所示。

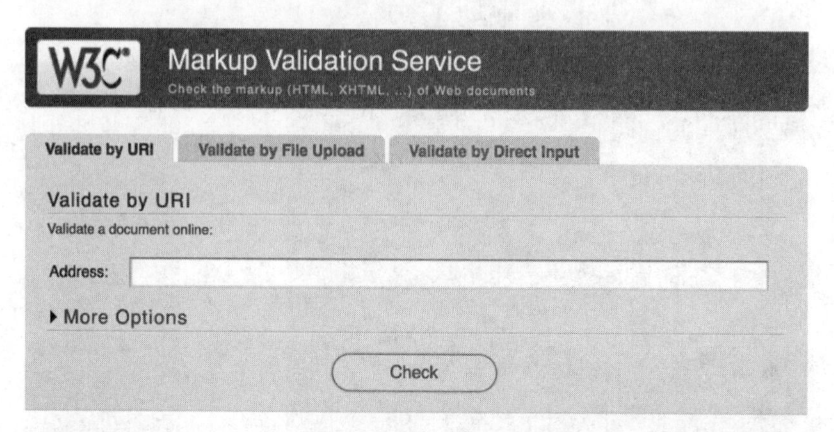

This validator checks the markup validity of Web documents in HTML, XHTML, SMIL, MathML, etc. If you wish to validate specific content such as RSS/Atom feeds or CSS stylesheets, MobileOK content, or to find broken links, there are other validators and tools available. As an alternative you can also try our non-DTD-based validator.

Interested in "developing" your developer skills? In W3Cx's hands-on Professional Certificate Program, learn how to code the right way by creating Web sites and apps that use the latest Web standards. Find out more!

Donate and help us build better tools for a better web.

图 3-30　HTML5 语法规范验证界面图

Nu Html Checker

This tool is an ongoing experiment in better HTML checking, and its behavior remains subject to change

Showing results for contents of text-input area

Checker Input

Show ☑ source ☐ outline ☐ image report | Options...

Document URL:

Check

1. Warning **Section lacks heading. Consider using h2 ~ h6 elements to add identifying headings to all sections.**

From line 11, column 5; to line 11, column 24

body>↩ <section id="login">↩

The document validates according to the specified schema(s).

图 3-31　HTML5 语法规范验证结果图

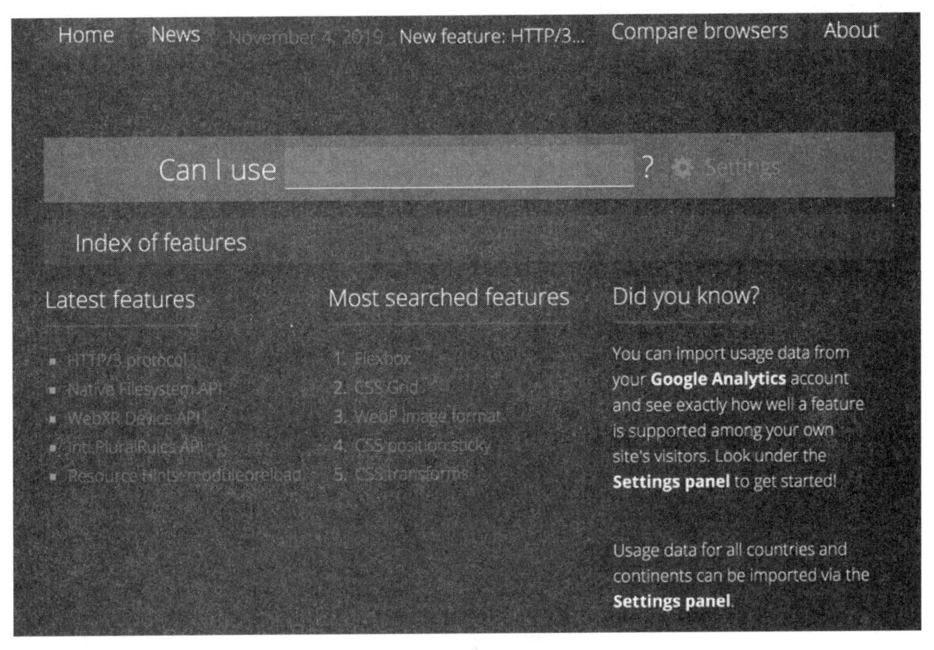

图 3-32 浏览器支持查询界面图

例如，想验证 Section 标签在各个浏览器中的支持情况，结果如图 3-33 所示。

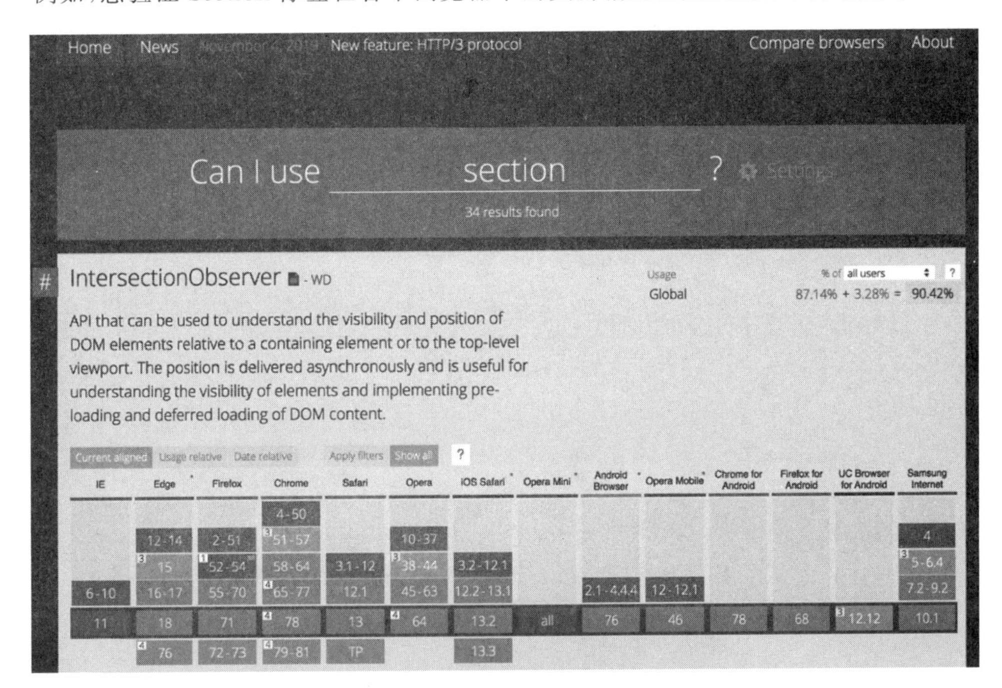

图 3-33 浏览器对 Section 标签支持查询结果图

从图 3-33 可以看出，各个浏览器对 Section 标签的支持情况比较良好。我们还可以看到一款浏览器的各个版本对 Section 标签的支持情况。分别以不同颜色表示不支持、支持和部分支持。当鼠标指针移动到各个颜色区域时，还可以看到关于不支持、支持或部分支持的详细信息。

本章小结

HTML5 标签和属性是 Web 开发的基础。本章重点介绍了 HTML5 中的语义标签、input 标签中的 type 属性、HTML5 标签的规范性验证方法和不同浏览器对 HTML5 中的标签的支持情况。有了本章的这些基础，读者就可以对要表达的内容进行基于 HTML5 标签的描述，从而根据 UI 人员提供的效果图进行基于 HTML5 标签的代码编写。

本章主要介绍了如下内容：

(1) HTML5 中的语义标签。

(2) HTML5 中的标签属性特别是 Input 标签的 Type 属性的不同可取值。

(3) HTML5 代码中标签的规范性验证方法。

(4) HTML5 代码在各个浏览器的支持情况。

思考题

(1) 请简单列举 HTML5 中的语义标签。

(2) 请简单列举 HTML5 中 Input 标签的不同 Type 属性及其可取的值。

(3) 如何查询 HTML5 代码在各个浏览器的支持情况？

第二篇　CSS3基础

CSS是一种样式语言，英文全称为Cascading Style Sheet。CSS在HTML的基础上给HTML页面添加个性化的样式，并且可以提供诸如动画等高级表现功能。本篇介绍CSS的使用。

第 4 章 CSS

CHAPTER 4

CSS 是一种样式语言。CSS 的英文全称为 Cascading Style Sheet，中文为层叠样式表。CSS 的知识点主要包含两方面：层叠和样式。所谓层叠，是指当 CSS 的不同样式加在同一个 HTML 元素上时，哪一个样式将起最终作用的具体规则。所谓样式，是指 CSS 给 HTML 元素添加不同显示效果的代码规范。

CSS 样式示例如图 4-1 所示。图 4-1 中的 section＃login 被称为 CSS 中的选择器或选择符，这里选择了 ID 为 login 的 Section 标签元素。花括号中的内容被称为 CSS 的样式规则。其中分号左边的内容被称为 CSS 样式规则中的属性名称，分号右边的内容被称为 CSS 样式规则中的属性值。

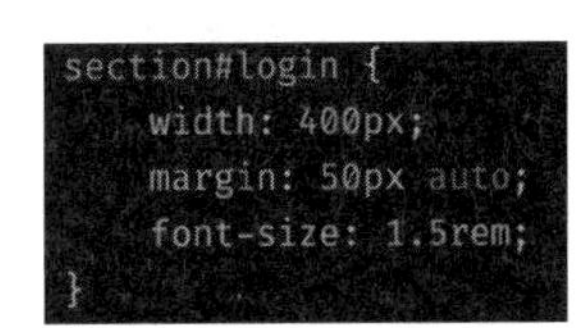

```
section#login {
    width: 400px;
    margin: 50px auto;
    font-size: 1.5rem;
}
```

图 4-1　CSS 的样式示例

CSS 的常用层叠规则示例如图 4-2 所示。图 4-2 中的选择符分为 ID 选择符、类选择符和元素选择符。specificity 体现了选择符的重要性，重要性的数值越大，那么该 CSS 样式就会越起作用。如果一个选择符是由多个不同类别的选择符组合实现的，那么它的重要性也将是各个不同类别的选择符的重要性的叠加实现。

selector	ID	classes	elements	specificity
body	0	0	1	1
#mainContent	1	0	0	100
.quote	0	1	0	10
div p	0	0	2	2
#sidebar p	1	0	1	101

图 4-2　CSS 的层叠规则示例

CSS 的知识点比较庞杂，本章将重点介绍 CSS 中的盒子模型、页面布局和动画部分。

本章在首先介绍 CSS 中的样式规范和层叠规则的基础上重点介绍 CSS 中的盒子模

型[4],然后对CSS中的常用的布局方法进行介绍,最后介绍CSS中的动画实现方法。所有内容都将结合实例进行示范讲解。本章应重点掌握以下要点:

(1) 掌握CSS中的盒子模型;

(2) 掌握CSS中的页面布局;

(3) 掌握CSS中的动画实现方法。

4.1 盒子模型

CSS中的盒子模型是与HTML中的元素属性相关的,是指HTML中的大部分元素都具有盒子模型的特点。作为一个盒子,一般具有Margin、Border、Padding、Content这4个组成部分,如图4-3所示。

当使用CSS样式规则对盒子模型进行描述时,以Margin为例,可以用如下4种写法(如图4-4所示):第一种写法表示4个方向上都是固定的数值;第二种写法表示上下两个方向上是第一个数值,左右两个方向上是第二个数值;第三种写法表示第一个数值指向上,第二个数值指左右方向,第三个数值指向下;第四种写法表示第一个数值指向上,第二个数值指向右,第三个数值指向下,第四个数值指向左。

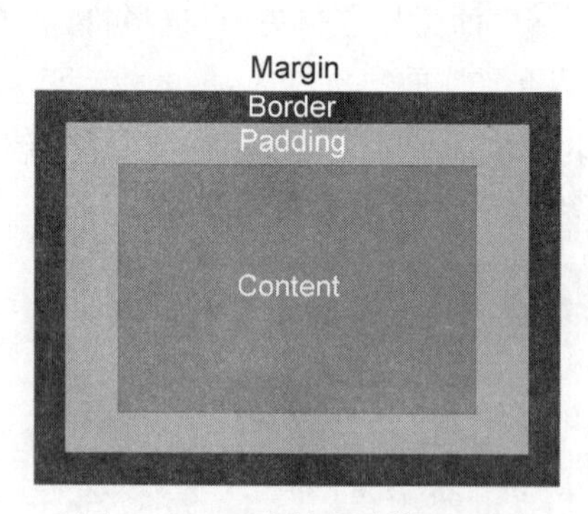

图4-3 CSS中的盒子模型示例

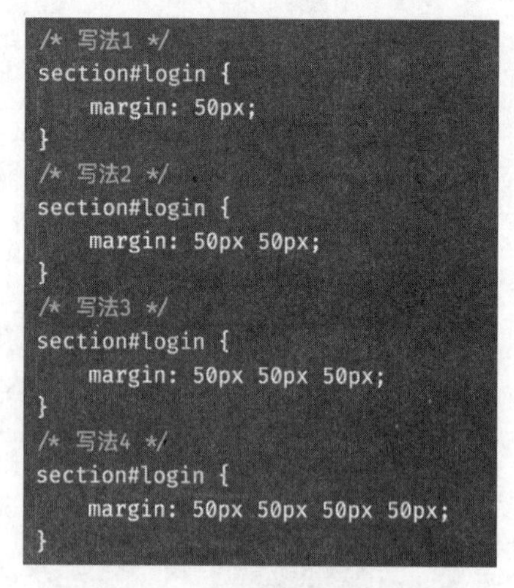

图4-4 CSS中的盒子模型示例

4.1.1 盒子模型的概念

当根据CSS的盒子模型来编写CSS的样式的时候,可以选择3种不同的盒子模型的模式。这几种不同的盒子模型的模式可以通过CSS的box-sizing的值来设定,其中不同box-sizing的值所对应的示意图如图4-5~图4-7所示。

margin
border
padding
content
width

图 4-5 盒子模型 content-box 示例

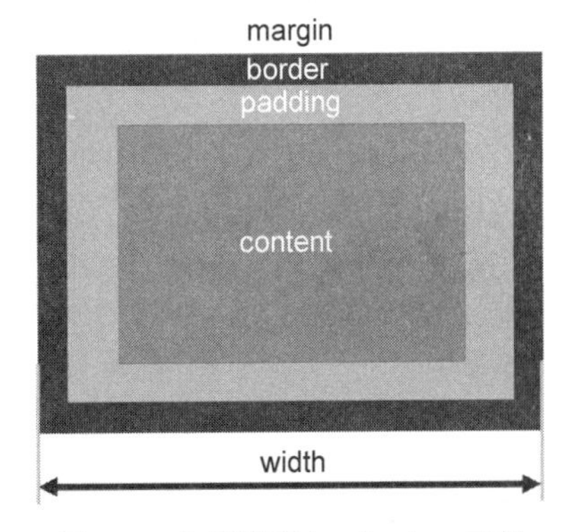

图 4-6 盒子模型 border-box 示例

其中，box-sizing 的默认值是 content-box。但是，一般情况下开发人员更倾向于使用 border-box。当选择 border-box 之后，整个元素的宽度并不会因为 padding 或 border 的宽度的增加而增加，从而使元素的宽度更加便于控制。

元素的 CSS 显示属性 display 的值的不同也会对盒子模型的结果造成一定的影响。图 4-8 和图 4-9 给出了 display 的不同值对盒子模型结果的影响。可以看到，当 display 属性值为 block 和 inline-block 时，元素具有正常盒子模型的所有特点。但是，当 display 属性值为 inline 时，元素的 margin-top 和 margin-bottom 属性将不再起作用，盒子模型的其他特点仍然具有原来的效果。

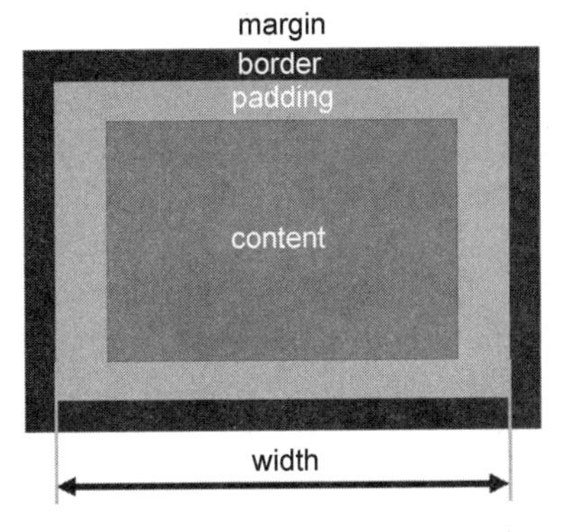

图 4-7 盒子模型 padding-box 示例

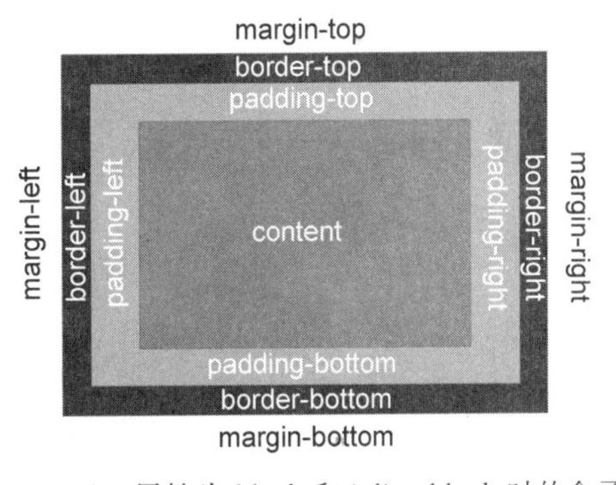

图 4-8 display 属性为 block 和 inline-block 时的盒子模型

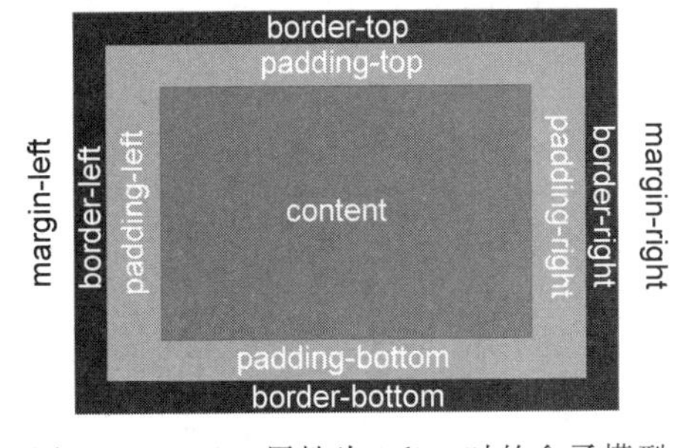

图 4-9 display 属性为 inline 时的盒子模型

4.1.2 一个 DIV 的程序示例

本节展示如何使用 CSS 中的盒子模型的概念及其他技术来完成一个程序实例。

任务：使用 box-model 的概念实现图 4-10 所示的效果图。

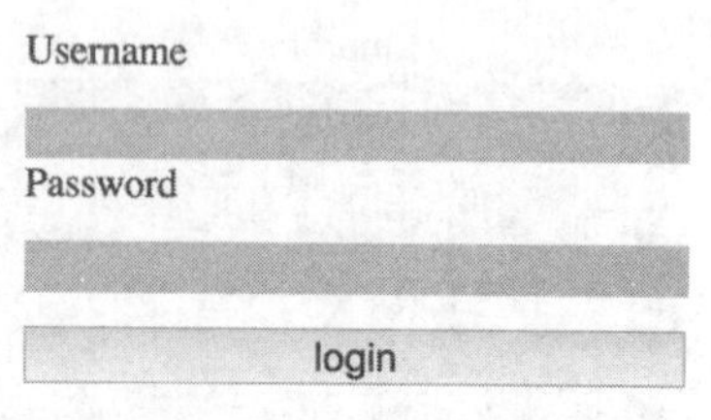

图 4-10 一个 div 的页面效果图

程序实现：该页面的 HTML 代码如图 4-11 所示，CSS 代码如图 4-12 所示。

```
<!DOCTYPE html>
<html lang="en">
<head>
    <meta charset="UTF-8">
    <meta name="viewport" content="width=device-width, initial-scale=1.0">
    <meta http-equiv="X-UA-Compatible" content="ie=edge">
    <title>login</title>
    <link rel="stylesheet" href="style.css">
</head>
<body>
    <section id="login">
        <label for="username">Username</label>
        <input type="text" id="username">
        <label for="password">Password</label>
        <input type="text" id="password">
        <button>login</button>
    </section>
    <script src="script.js"></script>
</body>
</html>
```

图 4-11 一个 div 的 HTML 代码图

```
section#login {
    width: 400px;
    margin: 50px auto;
    font-size: 1.5rem;
}
input, button {
    width: 100%;
    font-size: 1.5rem;
    margin-top: 20px;
}
input {
    border: none;
    background-color: #ccc;
}
```

图 4-12 一个 div 的 CSS 代码图

4.2 CSS的页面布局

页面布局是将HTML元素在页面上排列组合成各种需要的形式，该任务主要由CSS负责完成。典型的页面布局结构如图4-13和图4-14所示，其他的布局结构都可以通过对图4-13和图4-14的结构进行修改和排列组合得到。通过掌握基本的页面布局结构，可以扩展出任意的布局结构。除了使用CSS的position属性和盒子模型结构来进行页面布局外，通常使用的CSS的页面布局的系统方法主要包括float布局方法、flex布局方法和grid布局方法。本节将对这3种方法进行系统讲解。

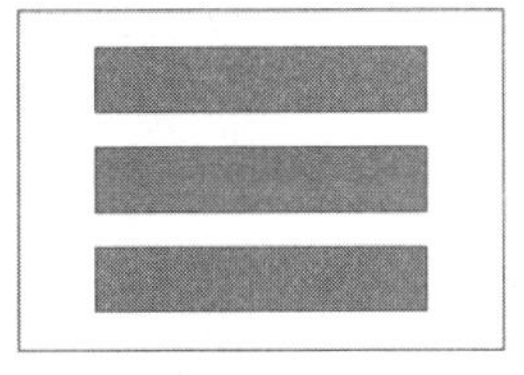

垂直排列

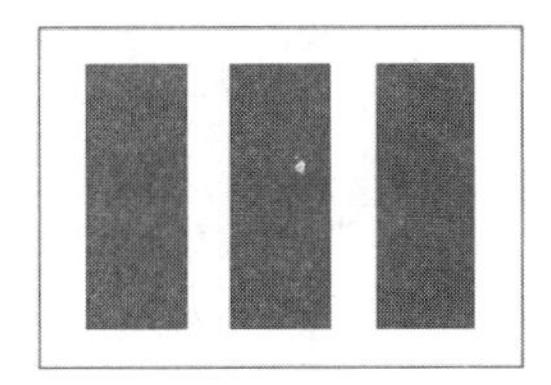

水平排列

图4-13　典型的基本页面布局结构示意图

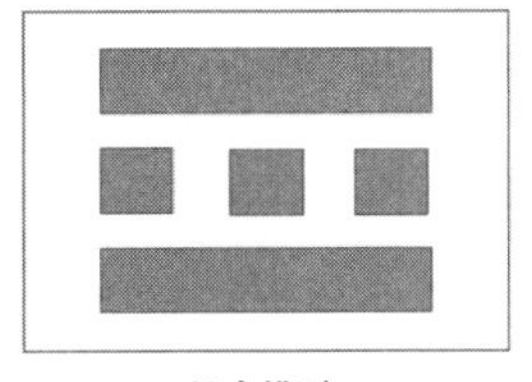

组合排列

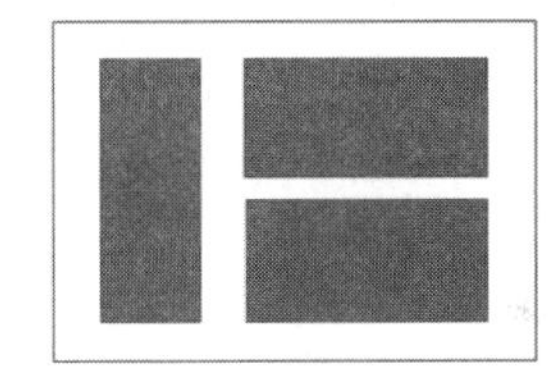

组合排列

图4-14　典型的组合页面布局结构示意图

4.2.1 CSS中的float布局方法

float布局方法是CSS中的最经典也是最古老的系统方法。float的本来目的是使元素发生浮动，从而使该元素周围的元素对该元素产生环绕的视觉效果。没有使用float以及使用float后的环绕效果及代码示意图分别如图4-15和图4-16所示。

Lorem ipsum dolor sit amet consectetur adipisicing elit. Quidem doloremque hic itaque eum blanditiis saepe nesciunt accusantium, molestias culpa voluptatem sed suscipit quis eveniet consequatur facere, deleniti eius magni ratione!

Lorem ipsum dolor sit amet consectetur adipisicing elit. At dolore ex laborum minima quos, voluptates, magni velit optio repellendus expedita tenetur doloribus consequatur perferendis voluptate corporis accusamus perspiciatis rem quisquam.

```
<body>
    <p>Lorem ipsum dolor sit amet consectetur adipisicing elit
    <img src="nature-summer-garden.png" alt="nature garden">
    <p>Lorem ipsum dolor sit amet consectetur adipisicing elit
</body>
</html>
```

图4-15　没有float环绕效果及代码示意图

float 可以向左浮动、向右浮动，也可以进行左边、右边或两边浮动元素的清除。它的基本使用方法如图 4-17 所示。

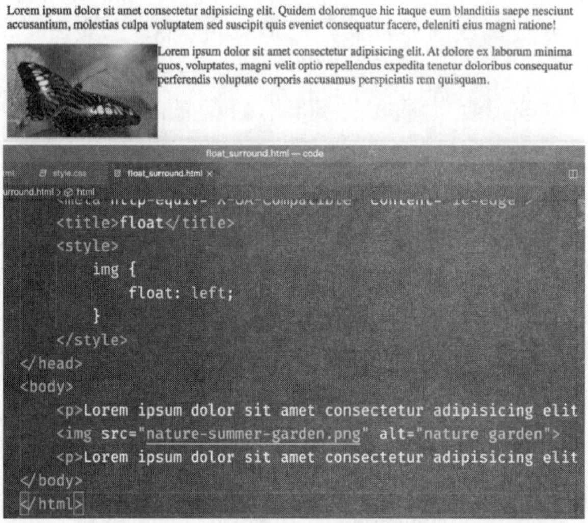
Lorem ipsum dolor sit amet consectetur adipisicing elit. Quidem doloremque hic itaque eum blanditiis saepe nesciunt accusantium, molestias culpa voluptatem sed suscipit quis eveniet consequatur facere, deleniti eius magni ratione!
Lorem ipsum dolor sit amet consectetur adipisicing elit. At dolore ex laborum minima quos, voluptates, magni velit optio repellendus expedita tenetur doloribus consequatur perferendis voluptate corporis accusamus perspiciatis rem quisquam.
float_surround.html — code
style.css
float_surround.html
<title>float</title>
<style>
img {
float: left;
}
</style>
</head>
<body>
<p>Lorem ipsum dolor sit amet consectetur adipisicing elit
<img src="nature-summer-garden.png" alt="nature garden">
<p>Lorem ipsum dolor sit amet consectetur adipisicing elit
</body>
</html>

图 4-16　使用 float 环绕效果及代码示意图

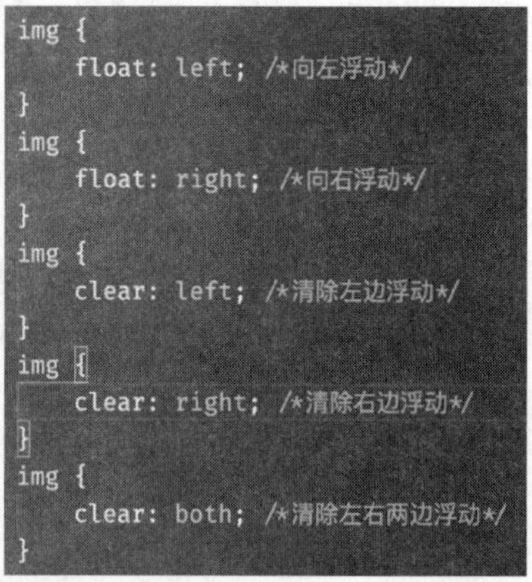
img {
float: left; /*向左浮动*/
}
img {
float: right; /*向右浮动*/
}
img {
clear: left; /*清除左边浮动*/
}
img {
clear: right; /*清除右边浮动*/
}
img {
clear: both; /*清除左右两边浮动*/
}

图 4-17　float 基本使用方法示意图

我们注意到，当将多个元素浮动时，多个元素将按浮动方向整齐排列。通过这种方式再结合 CSS 中的盒子模型，可以对页面中的元素进行浮动从而达到需要的布局效果。图 4-18 和图 4-19 分别为图 4-13 两种排列的代码及实现效果图；图 4-20 和图 4-21 分别为图 4-14 两种排列的代码及实现效果图。

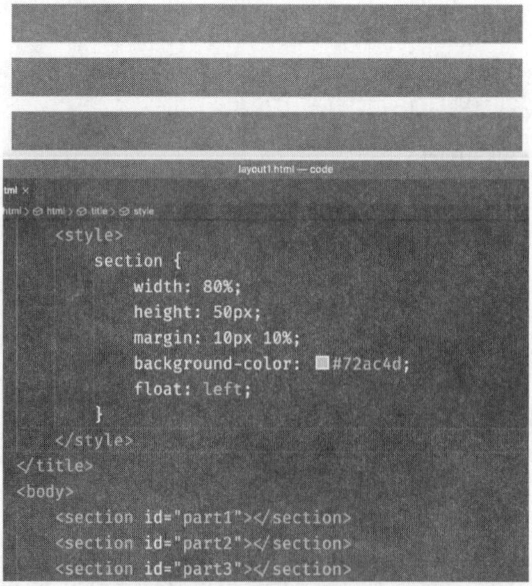
layout1.html — code
<style>
section {
width: 80%;
height: 50px;
margin: 10px 10%;
background-color: #72ac4d;
float: left;
}
</style>
</title>
<body>
<section id="part1"></section>
<section id="part2"></section>
<section id="part3"></section>

图 4-18　针对图 4-13 垂直排列的 float 实现效果及代码

```
<body>
    <section id="part1"></section>
    <section id="part2"></section>
    <section id="part3"></section>
</body>
</html>
```

```
8    <style>
9        section {
10           width: 20%;
11           height: 250px;
12           margin: 6.5%;
13           background-color: #4674c1;
14           float: left;
15       }
16   </style>
```

图 4-19　针对图 4-13 水平排列的 float 实现效果及代码

```
<body>
    <header></header>
    <main>
        <section id="part1"></section>
        <section id="part2"></section>
        <section id="part3"></section>
    </main>
    <footer></footer>
</body>
</html>
```

```
8    <style>
9        header, footer, section {
10           float: left;
11           background-color: #72ac4d;
12       }
13       header, footer {
14           width: 65%;
15           height: 50px;
16           margin: 10px 18%;
17       }
18       section {
19           width: 15%;
20           height: 150px;
21           margin-left: 10%;
22       }
23       #part1 {
24           margin-left: 18%;
25       }
26   </style>
```

图 4-20　针对图 4-14 左边排列的 float 实现效果及代码

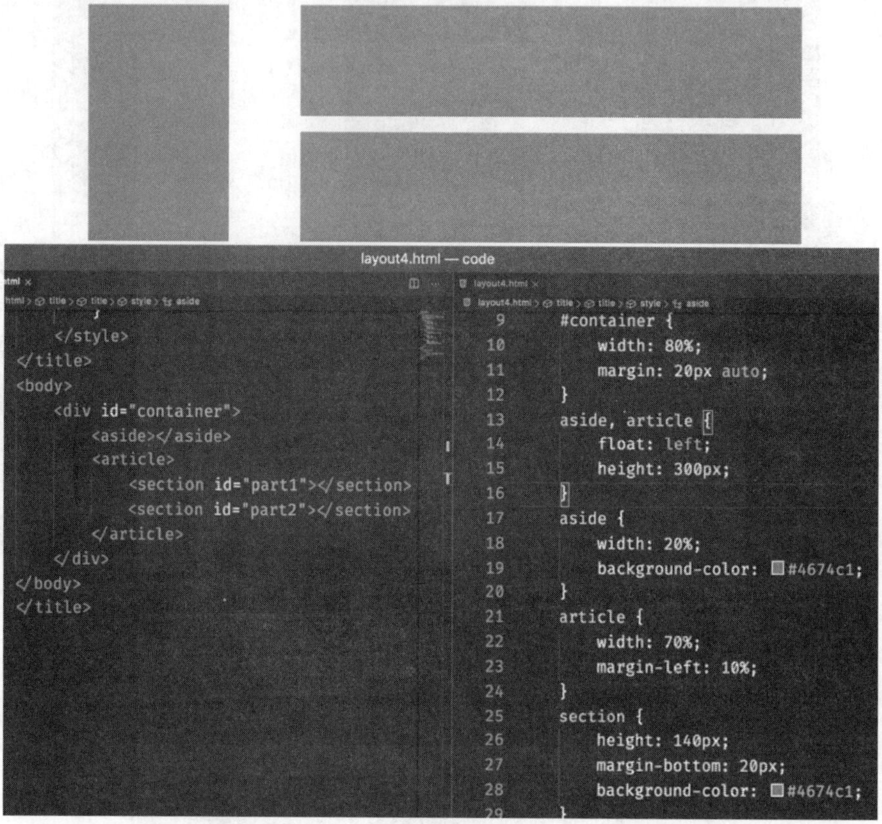

layout4.html — code

```
    </style>
</title>
<body>
    <div id="container">
        <aside></aside>
        <article>
            <section id="part1"></section>
            <section id="part2"></section>
        </article>
    </div>
</body>
</title>
```

```
9   #container {
10      width: 80%;
11      margin: 20px auto;
12  }
13  aside, article {
14      float: left;
15      height: 300px;
16  }
17  aside {
18      width: 20%;
19      background-color: #4674c1;
20  }
21  article {
22      width: 70%;
23      margin-left: 10%;
24  }
25  section {
26      height: 140px;
27      margin-bottom: 20px;
28      background-color: #4674c1;
```

图 4-21　针对图 4-14 右边排列的 float 实现效果及代码

元素浮动带来的一个副作用是：当浮动元素的父元素没有指定高度的时候，父元素会发生坍塌，从而使某些加在父元素上的 CSS 样式达不到预期效果。例如，为了实现如图 4-22 所示的效果，我们可能会想到使用如图 4-23 所示的代码。但是如图 4-23 所示代码的实际效果却和预期效果不同。这时需要采用被称为 clear-fix 的方法对浮动元素的父元素进行大小扩充从而达到预期效果，代码如图 4-24 所示。

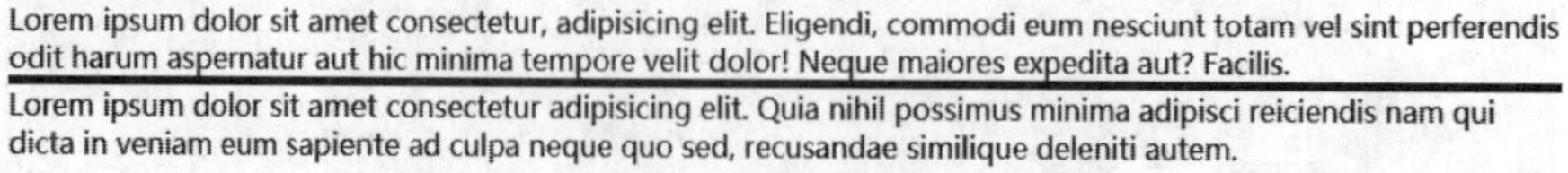

Lorem ipsum dolor sit amet consectetur, adipisicing elit. Eligendi, commodi eum nesciunt totam vel sint perferendis odit harum aspernatur aut hic minima tempore velit dolor! Neque maiores expedita aut? Facilis.

Lorem ipsum dolor sit amet consectetur adipisicing elit. Quia nihil possimus minima adipisci reiciendis nam qui dicta in veniam eum sapiente ad culpa neque quo sed, recusandae similique deleniti autem.

图 4-22　带边框的块状元素示意图

所谓 clear-fix，是指在浮动元素的父元素后边添加一个伪元素，该伪元素具有块属性并且添加 clear：both 代码。使用这种方法就可以使浮动元素的父元素的大小保持不变。虽然 clear-fix 的代码实现略有不同，但是基本如图 4-24 所示。

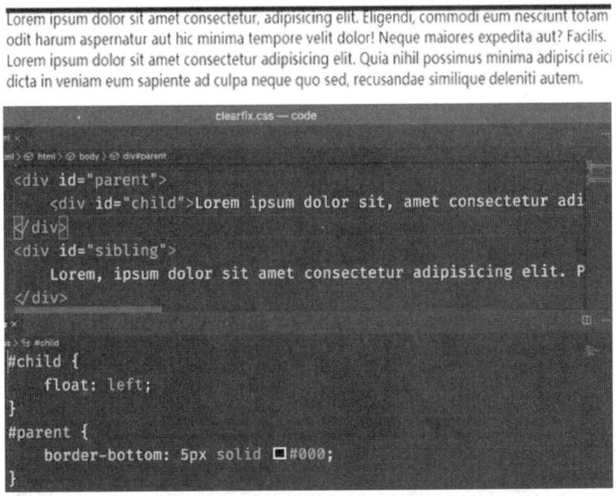

Lorem ipsum dolor sit amet consectetur, adipisicing elit. Eligendi, commodi eum nesciunt totam odit harum aspernatur aut hic minima tempore velit dolor! Neque maiores expedita aut? Facilis.
Lorem ipsum dolor sit amet consectetur adipisicing elit. Quia nihil possimus minima adipisci reici dicta in veniam eum sapiente ad culpa neque quo sed, recusandae similique deleniti autem.

```
<div id="parent">
    <div id="child">Lorem ipsum dolor sit, amet consectetur adi
</div>
<div id="sibling">
    Lorem, ipsum dolor sit amet consectetur adipisicing elit. P
</div>
```

```
#child {
    float: left;
}
#parent {
    border-bottom: 5px solid #000;
}
```

图 4-23 针对图 4-22 的没有 clear-fix 的实现效果及代码

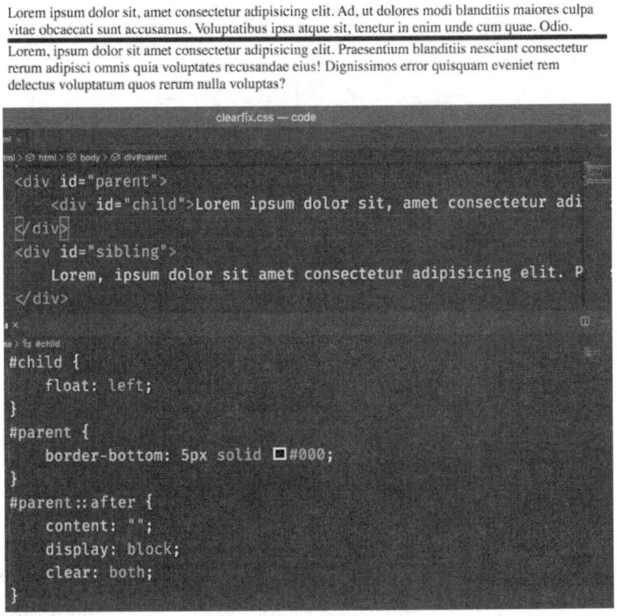

Lorem ipsum dolor sit, amet consectetur adipisicing elit. Ad, ut dolores modi blanditiis maiores culpa vitae obcaecati sunt accusamus. Voluptatibus ipsa atque sit, tenetur in enim unde cum quae. Odio.
Lorem, ipsum dolor sit amet consectetur adipisicing elit. Praesentium blanditiis nesciunt consectetur rerum adipisci omnis quia voluptates recusandae eius! Dignissimos error quisquam eveniet rem delectus voluptatum quos rerum nulla voluptas?

```
<div id="parent">
    <div id="child">Lorem ipsum dolor sit, amet consectetur adi
</div>
<div id="sibling">
    Lorem, ipsum dolor sit amet consectetur adipisicing elit. P
</div>
```

```
#child {
    float: left;
}
#parent {
    border-bottom: 5px solid #000;
}
#parent::after {
    content: "";
    display: block;
    clear: both;
}
```

图 4-24 针对图 4-22 的采用 clear-fix 的实现效果及代码

4.2.2 CSS 中的 flex 布局方法

flex 方法是 CSS 中目前最流行的页面布局方法。flex 的使用方法是给布局元素的父元素的 display 属性赋值 flex。flex 的作用是使具有 flex 值的 display 属性的元素内的元素发生弹性伸缩，从而使该元素内的所有元素整齐均匀排列。与 flex 相关的其他 CSS 规则也协助完成 flex 布局。flex 规则的最明显效果是使 flex 元素内的块元素从垂直排列改为水平排列。

下面针对图 4-13 和图 4-14 的布局采用 flex 方法进行实现，代码和实现效果图分别如图 4-25～图 4-28 所示。

```
flex1.html — code
    <style>
        body {
            display: flex;
            flex-direction: column;
        }
        section {
            width: 80%;
            height: 50px;
            margin: 10px 10%;
            background-color: #72ac4d;
        }
    </style>
</title>
<body>
    <section id="part1"></section>
    <section id="part2"></section>
    <section id="part3"></section>
</body>
```

图 4-25　针对图 4-13 垂直排列的 flex 实现效果及代码

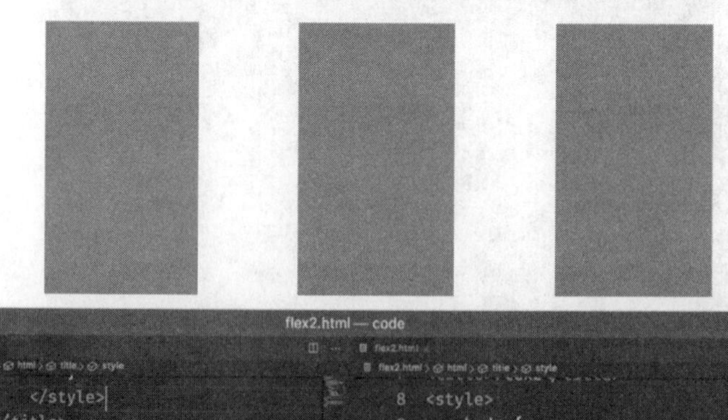

```
flex2.html — code
    </style>
</title>
<body>
    <section id="part1"></section>
    <section id="part2"></section>
    <section id="part3"></section>
</body>
</html>
```

```
8   <style>
9       body {
10          display: flex;
11      }
12      section {
13          width: 20%;
14          height: 250px;
15          margin: 6.5%;
16          background-color: #4674c1;
17      }
18  </style>
```

图 4-26　针对图 4-13 水平排列的 flex 实现效果及代码

flex3.html — code

```html
</title>
<body>
    <header></header>
    <main>
        <section id="part1"></section>
        <section id="part2"></section>
        <section id="part3"></section>
    </main>
    <footer></footer>
</body>
</title>
```

```css
body {
    display: flex;
    flex-direction: column;
}
main {
    display: flex;
}
header, footer, section {
    background-color: #72ac4d;
}
header, footer {
    width: 65%;
    height: 50px;
    margin: 10px 18%;
}
section {
    width: 15%;
    height: 150px;
    margin-left: 10%;
}
#part1 {
    margin-left: 18%;
}
```

图 4-27　针对图 4-14 左边排列的 flex 实现效果及代码

flex4.html — code

```html
<body>
    <div id="container">
        <aside></aside>
        <article>
            <section id="part1"></section>
            <section id="part2"></section>
        </article>
    </div>
</body>
</title>
```

```css
#container {
    width: 80%;
    margin: 20px auto;
    display: flex;
}
aside, article {
    height: 300px;
}
aside {
    width: 20%;
    background-color: #4674c1;
}
article {
    width: 70%;
    margin-left: 10%;
    display: flex;
    flex-direction: column;
    justify-content: space-between;
}
section {
    height: 140px;
    background-color: #4674c1;
}
```

图 4-28　针对图 4-14 右边排列的 flex 实现效果及代码

在如图 4-25～图 4-28 所示的示意图中可以看到，与 flex 相关的代码有 display：flex、flex-direction：column、justify-content：space-between。除了这些 CSS 规则外，还可以使用 align-content、align-items 对在与 flex-direction 方向相垂直的方向上排列的元素进行操作。

关于 flex 的详细用法，此处不再赘述。读者可以参考 Mozilla 开发者网站中的相关知识点进行深入的了解。

4.2.3 CSS 中的 grid 布局方法

grid 方法是 CSS 中最新的页面布局方法。如果说 flex 方法是在一维方向上的布局方法，那么 grid 方法就是在二维方向上的布局方法。使用 grid 方法可以构造如图 4-29 所示的 Windows 开始界面样式的复杂布局。

图 4-29 Windows 开始界面

grid 的基本使用方法是首先构建一个二维网格，然后给每个需要布局的元素设置它在二维网格中的位置。一个元素可以占据任意相连的网格，从而可以达到非常灵活的布局效果。用 grid 方法实现图 4-13 和图 4-14 的布局效果分别如图 4-30～图 4-33 所示。

```
1  <!DOCTYPE html>
2  <html lang="en">
3  <head>
4      <meta charset="UTF-8">
5      <meta name="viewport" content="width=devi
6      <title>grid layout</title>
7      <link rel="stylesheet" href="grid1.css">
8  </head>
9  <body>
10     <section id="part1"></section>
11     <section id="part2"></section>
12     <section id="part3"></section>
13 </body>
14 </html>
```

```
1 body {
2     display: grid;
3     height: 200px;
4     grid-template-rows: 1fr 1fr 1fr ;
5 }
6 section {
7     background-color: #72ac4d;
8     margin: 10px 10%;
9 }
```

图 4-30 针对图 4-13 垂直排列的 grid 实现效果及代码

```
grid2.html — code

grid2.html
1  <!DOCTYPE html>
2  <html lang="en">
3  <head>
4      <meta charset="UTF-8">
5      <meta name="viewport" content="width=devi
6      <title>grid layout</title>
7      <link rel="stylesheet" href="grid2.css">
8  </head>
9  <body>
10     <section id="part1"></section>
11     <section id="part2"></section>
12     <section id="part3"></section>
13 </body>
14 </html>

grid2.css
1  body {
2      display: grid;
3      height: 250px;
4      grid-template-columns: 1fr 1fr 1fr ;
5      margin: 2% 10%;
6  }
7  section {
8      background-color: #4674c1;
9      margin: 10px 20%;
10 }
```

图 4-31　针对图 4-13 水平排列的 grid 实现效果及代码

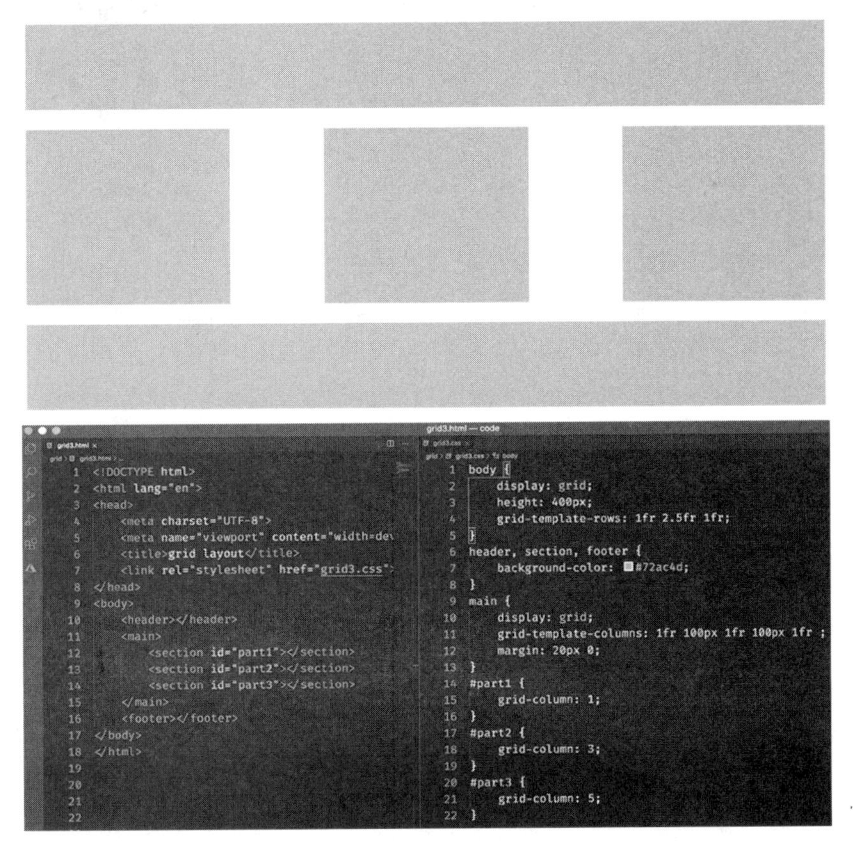

图 4-32　针对图 4-14 左边排列的 grid 实现效果及代码

```
grid4.html — code
grid4.html
grid > grid4.html > ...
1  <!DOCTYPE html>
2  <html lang="en">
3  <head>
4      <meta charset="UTF-8">
5      <meta name="viewport" content="width=devi
6      <title>grid layout</title>
7      <link rel="stylesheet" href="grid4.css">
8  </head>
9  <body>
10     <div id="container">
11         <aside></aside>
12         <article>
13             <section id="part1"></section>
14             <section id="part2"></section>
15         </article>
16     </div>
17 </body>
18 </html>
```

```
grid4.css
grid > grid4.css > section#part1
8  aside, section {
9      background-color: #4674c1;
10 }
11 aside {
12     grid-column: 1;
13 }
14 article {
15     grid-column: 3;
16     display: grid;
17     grid-template-rows: 1fr 20px 1fr;
18 }
19 section#part1 {
20     grid-row: 1;
21 }
22 section#part2 {
23     grid-row: 3;
24 }
25
```

图 4-33 针对图 4-14 右边排列的 grid 实现效果及代码

4.3 CSS 中的动画

Web 上的动画通常有如下几种实现方式：使用 CSS 实现、使用 JavaScript 实现、使用 CSS 和 JavaScript 结合实现。本节主要讲解如何通过 CSS 实现 Web 上的动画。

4.3.1 transform 与 transition

transform 和 transition 是 CSS 的两个属性，两者结合可以实现部分动画效果。transform 属性的不同值可以使该属性修饰的页面元素具有平移、缩放、旋转、扭曲等效果，具体使用方法如图 4-34 和图 4-35 所示，使用效果如图 4-36 所示。

transition 属性所描述的是页面元素从一种状态变化到另一种状态的过程，每种状态都由 CSS 属性指定，开发者可以设置这种状态转移的延时、持续的时间、状态转移的方式。

transform 和 transition 结合使用后，将会产生页面元素从一种状态到另一种不同状态的动画过程。transform 和 transition 结合使用的代码示例如图 4-37 所示。产生的动画效果如图 4-38 所示。

```
<head>
    <meta charset="UTF-8">
    <meta name="viewport" content="width=device-width, initial-scale=1.0">
    <title>animation</title>
    <style>
        body {
            display: flex;
            justify-content: space-around;
        }
        div {
            width: 100px;
            height: 100px;
            background-color: #0f0;
            text-align: center;
            line-height: 100px;
        }
    </style>
    <link rel="stylesheet" href="style.css">
</head>
<body>
    <div id="id1">matrix</div>
    <div id="id2">translate</div>
    <div id="id3">scale</div>
    <div id="id4">rotate</div>
    <div id="id5">skew</div>
    <div id="id6">combine</div>
</body>
```

图 4-34 transform 的 HTML 代码示例

```
#id1 {
    /* matrix( scaleX(), skewY(), skewX(), scaleY(), translateX(), translateY() ) */
    transform: matrix(1, 2, 2, 1, 2, 2);
}
#id2 {
    /* translate(length on x-coordinate, length on y-coordinate */
    transform: translate(20px, 20px);
}
#id3 {
    /* scale(scale on x-coordinate, scale on y-coordinate */
    transform: scale(0.5, 1.5);
}
#id4 {
    /* rotate(rotate around the point defaulting to the center of the element) */
    transform: rotate(30deg);
}
#id5 {
    /* skew(skew on x-coordinate, skew on y-coordinate */
    transform: skew(10deg, 20deg);
}
#id6 {
    /* combine different transformations */
    transform: skew(10deg, 20deg) scale(1.5);
}
```

图 4-35 transform 的 CSS 代码示例

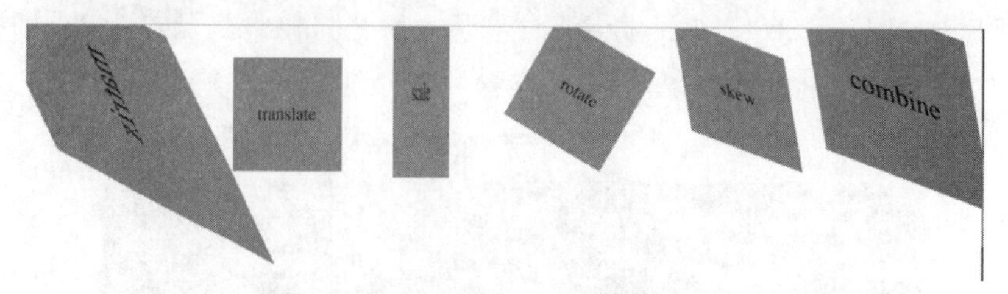

图 4-36　transform 的页面效果示例

```
<!DOCTYPE html>
<html lang="en">
<head>
    <meta charset="UTF-8">
    <meta name="viewport" content="width=device-width, initial-scale=1.0">
    <title>transition animation</title>
    <style>
        div {
            position: absolute;
            width: 100px;
            height: 100px;
            background-color: #0f0;
            transition: transform 2s linear;
        }
        div:hover {
            transform: translate(100px, 100px) rotate(30deg) scale(1.5);
        }
    </style>
</head>
<body>
    <div></div>
</body>
</html>
```

图 4-37　transform 和 transition 结合代码示例

图 4-38　transform 和 transition 结合动画效果示例

4.3.2　关键帧动画的概念

除了可以利用上面介绍的 transition 和 transform 来创建 CSS 动画外，还可以通过 CSS 中的 animation 属性来创建复杂的动画效果。借助 animation 属性，开发者可以利用关键帧来定义动画，就像真正的动画电影一样。图 4-39 给出了使用 CSS 的 animation 属性创建如图 4-38 所示动画的代码。和 transition 不同的是，animation 属性创建的动画不需要用户触发。

```
<!DOCTYPE html>
<html lang="en">
<head>
    <meta charset="UTF-8">
    <meta name="viewport" content="width=device-width, initial-scale=1.0">
    <title>transition animation</title>
    <style>
        div {
            position: absolute;
            width: 100px;
            height: 100px;
            background-color: #0f0;
            animation: transforming 2s linear;
        }
        @keyframes transforming {
            from {

            }
            to {
                transform: translate(100px, 100px) rotate(30deg) scale(1.5);
            }
        }
    </style>
</head>
<body>
    <div></div>
</body>
</html>
```

图 4-39 CSS 的 animation 属性创建动画代码示意图

4.3.3 CSS 动画程序示例

本节展示如何使用 CSS 来创建一个复杂的动画效果。

任务：使用 CSS 动画的概念实现月球围绕地球旋转的动画效果，效果图如图 4-40 所示。

图 4-40 用 CSS 动画实现月球围绕地球旋转的效果示意图

程序实现：实现该功能的 HTML 代码如图 4-41 所示，CSS 代码如图 4-42 所示。

```
<!DOCTYPE html>
<html lang="en">
<head>
    <meta charset="UTF-8">
    <meta name="viewport" content="width=device-width, initial-scale=1.0">
    <title>moon earth project</title>
    <link rel="stylesheet" href="style.css">
</head>
<body>
    <div class="container">
        <img src="moon.png" alt="moon" id="moon">
        <img src="earth.png" alt="earth" id=earth>
    </div>
</body>
</html>
```

图 4-41　用 CSS 动画实现月球围绕地球旋转的 HTML 代码示意图

```
.container {
    width: 100%;
    height: 100vh;
    background-color: #000;
    position: relative;
}
#earth, #moon {
    position: absolute;
}
#earth {
    width: 100px;
    top: calc(50vh - 50px);
    left: calc(50% - 50px);
}
#moon {
    width: 50px;
    top: calc(50vh - 180px);
    left: calc(50% - 180px);
    transform-origin: 180px 180px;
    animation: moon_rotate_earth 10s linear infinite;
}
@keyframes moon_rotate_earth {
    from {
    }
    to {
        transform: rotate(360deg);
    }
}
```

图 4-42　用 CSS 动画实现月球围绕地球旋转的 CSS 代码示意图

本章小结

CSS 作为一种样式语言是用来描述 HTML 页面元素的样式的，这是 Web 前端开发中的一种必备语言。本章重点讲解了 CSS 的盒子模型、CSS 中用来实现页面布局的 float 方法、flex 方法和 grid 方法，以及如何使用 CSS 来实现页面动画效果的方法。最后，通过一个实例讲解了如何通过 CSS 中的关键帧动画的方法来实现月球围绕地球旋转的动画实例。

本章主要介绍了如下内容：

（1）CSS 中的盒子模型。

（2）CSS 中的不同页面布局方法。

（3）CSS 中动画的实现方法。

思考题

（1）请讲解 CSS 中的盒子模型的含义。

（2）请列举 CSS 中几种不同的页面布局方法。

（3）请使用 CSS 中的动画方法实现一个你自己独创的动画效果。

第三篇　JavaScript基础及进阶

JavaScript 又称为 ECMASCRIPT，是一种完备的计算机编程语言。JavaScript 的主要作用是对 HTML 页面赋予动态交互的功能，并且提供诸如页面和后端服务器交互的高级功能。本篇介绍 JavaScript 的使用。

第 5 章 JavaScript 核心知识

CHAPTER 5

微课视频 5

JavaScript 是一种脚本语言，它的正式名称为 ECMAScript[5]。

JavaScript 的基本代码示例如图 5-1 所示。作为一种脚本语言，JavaScript 具有“即插即用”的特点，它的变量不需要事先声明就可以在需要的时候直接使用。

```
let a = 1;
let b;
b = a + 1;
console.log(b) // output is 2
```

图 5-1 JavaScript 的代码示例

JavaScript 的版本发展如图 5-2 所示。目前最常用的版本为 ECMAScript 6。ECMAScript 6 相对于之前的版本变化较大，而 ECMAScript 6 之后的版本则变动较小。所以，掌握 ECMAScript 6 版本的 JavaScript 是学好 JavaScript 的一项必要技能。

JavaScript 版本	发布时间	主要特点
JavaScript 1.0	1996年	首次发布
ECMAScript 1/2	1996 — 1998年	JavaScript开始标准化
ECMAScript 3	1999年	当今JavaScript的蓝本
ECMAScript 5	2009年	使用最广泛的JavaScript
ECMAScript 6 (ES6 or ES2015)	2015年	现代的JavaScript
ES2016～ES2019	2016 — 2019年	每年一个新版本迭代

图 5-2 JavaScript 的版本演进

JavaScript 的知识点比较庞杂，本章将重点详细讲解 JavaScript 中的基本语法、运行环境和核心概念。

本章在首先介绍 JavaScript 基本语法的基础上，介绍 JavaScript 在浏览器中的使用方法和关键知识点；然后介绍 JavaScript 中的面向对象编程和函数式编程的基本方法。所有内容都将结合实例进行示范讲解。本章应重点掌握以下要点：

(1) JavaScript 的基本语法；

(2) JavaScript 的面向对象编程；

(3) JavaScript 的函数式编程。

5.1 JavaScript 基本语法

JavaScript 具有脚本语言的优点与缺点。其优点是：入门简单；其缺点是：执行速度相对稍慢。

作为 JavaScript 和其他语言的对比，图 5-3 给出了 JavaScript 和 Java 语言的区别说明。

JavaScript	Java
解释型语言	编译型语言
主要用在前端	主要用在后端
运行在浏览器或Node上	运行在JVM上
在前端实现安全性较困难	在后端实现安全性较容易
动态类型	静态类型
语法更像C	语法更像C++
可以用任何文本编辑器开发	依赖JDK进行开发

图 5-3　JavaScript 和 Java 的不同点

5.1.1 变量和数据类型

变量是计算机内存中一个有名字的用来存储值的存储空间。通过设置变量这种方式，就可以有效地获取某个值。在 JavaScript 程序中，变量的名字也被称为标识符。标识符的命名规则为：必须由字母、下画线(_)、美元符号($)和数字组成，并且只能以字母、下画线(_)和美元符号($)开始。JavaScript 是一种区分大小写的计算机语言，所以大写字母和小写字母在 JavaScript 中表示不同的字符。JavaScript 中共有 3 种声明变量的方式：var、let 和 const，如图 5-4 所示。

```
var x = 1; //定义全局变量x, 并赋值1。
let y = 1; //定义局部变量y, 并赋值1。
const z = 1; //定义局部常量z, 并赋值1。
```

图 5-4　JavaScript 变量声明示例

虽然 JavaScript 有 3 种声明变量的方式，但在使用时通常优先使用 const，如果是需要改变值的变量通常优先使用 let。var 作为 ES6 之前的变量声明方式通常不再建议使用。

数据类型是指变量所存储值的类型。对于静态类型的编程语言(例如 Java)，在声明变量的时候就要指定该变量的数据类型。JavaScript 作为一种动态类型的编程语言，不需要在声明变量的时候指定数据类型。JavaScript 中变量的数据类型会随着变量所存储值的数据类型的变化而动态变化。JavaScript 中有 9 种数据类型，包括 7 种基本数据类型和 2 种索引数据类型，如图 5-5 所示。

JavaScript 中的基本数据类型是指非对象并且没有对象方法的数据类型，其中 null 是一种特殊的基本数据类型。JavaScript 中的索引数据类型是对象型的数据类型，包括

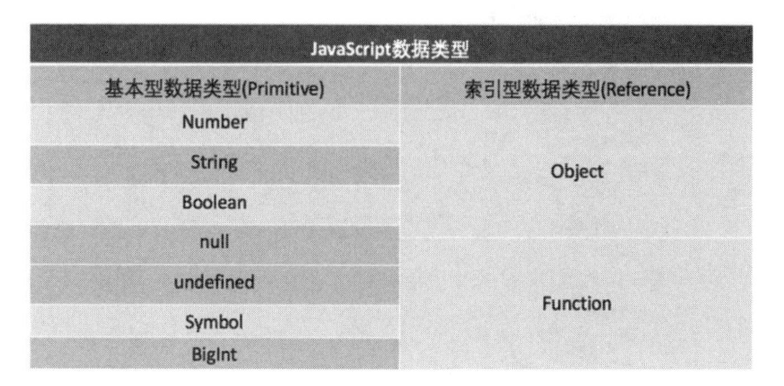

JavaScript数据类型	
基本型数据类型(Primitive)	索引型数据类型(Reference)
Number	Object
String	
Boolean	
null	Function
undefined	
Symbol	
BigInt	

图 5-5 JavaScript 中数据类型示例

Object、Array、Function、Set、WeakSet、Map 和 WeakMap，其中 Function 是一种特殊的索引数据类型。JavaScript 中的数据类型通常可以通过 typeof 操作符来判定，只是要注意 typeof 在处理 null 时会给出值 object，如图 5-6 所示。

```
const a = undefined,
      b = true,
      c = 1,
      d = 'hello',
      e = 1n,
      f = Symbol('Sym'),
      g = null,
      h = {},
      i = function() {};

console.log(typeof a); // output is "undefined"
console.log(typeof b); // output is "boolean"
console.log(typeof c); // output is "number"
console.log(typeof d); // output is "string"
console.log(typeof e); // output is "bigint"
console.log(typeof f); // output is "symbol"
console.log(typeof g); // output is "object"
console.log(typeof h); // output is "object"
console.log(typeof i); // output is "function"
```

图 5-6 JavaScript 数据类型的验证示例

5.1.2 操作符和控制语句

操作符是可以对变量进行某种操作的标识符。JavaScript 中主要的操作符包括赋值操作符、逻辑操作符、数学运算操作符、比较操作符、分组操作符、void 操作符、位运算操作符、in 操作符、管道操作符、逗号操作符、delete 操作符、new 操作符等，如图 5-7 所示。

控制语句分为赋值语句、条件语句和循环语句。

赋值语句是通过赋值操作符对一个变量赋值。JavaScript 在进行赋值操作时将赋值操作符右边的值赋给操作符左边的变量，如图 5-8 所示。

<table>
<tr><th colspan="2">JavaScript中的操作符</th></tr>
<tr><td>赋值操作符</td><td>=</td></tr>
<tr><td>逻辑操作符</td><td>&&, ||, !</td></tr>
<tr><td>数学运算操作符</td><td>+, -, *, /, %, **, ++, --,</td></tr>
<tr><td>比较操作符</td><td>==, ===, !=, !==, >, >=, <, <=</td></tr>
<tr><td>分组操作符</td><td>()</td></tr>
<tr><td>void操作符</td><td>void</td></tr>
<tr><td>位运算操作符</td><td>&, |, ^, ~, <<, >>, >>></td></tr>
<tr><td>in操作符</td><td>in</td></tr>
<tr><td>条件操作符</td><td>? :</td></tr>
<tr><td>逗号操作符</td><td>,</td></tr>
<tr><td>delete操作符</td><td>delete</td></tr>
<tr><td>new操作符</td><td>new</td></tr>
</table>

图 5-7 JavaScript 中主要的操作符

```
let x = 1;
console.log(x); // output is 1
```

图 5-8 JavaScript 中的赋值语句示例

JavaScript 中的条件语句分为由关键字 if 构成的条件语句和由条件操作符构成的条件语句，这两种实现方式如图 5-9 所示。

```
/*==========================================
The following should output 'Correct!'
==========================================*/
/* if 构成的条件表达式 */
const x = 1;
if(x == 1) {
    console.log('Correct!');
} else {
    console.log('Wrong!');
}
/* 条件操作符构成的条件表达式 */
const y = 2;
console.log(y == 2? 'Correct!' : 'Wrong!');
```

图 5-9 JavaScript 中的条件语句示例

JavaScript 中的循环语句有多种代码实现方式，基本可以分为由操作符构成的循环语句和由函数构成的循环语句两大类。

由操作符构成的循环语句是指由 for、for…in、for…of、while 和 do while 构成的循环语句。图 5-10 给出了由操作符构成的循环语句，实现打印 1～10 的 10 个数字的不同方式。

由函数构成的循环语句是指由 Array 的函数 forEach、map、filter、reduce、every、some、find 等具有循环功能的函数构成的循环实现方式语句。由函数构成的循环语句是函数式编程中经常使用的一种循环语句实现方法。图 5-11 给出了由函数构成的循环语句，实现打印 1～10 的 10 个数字的不同方式。

```
/*==========================================
操作符构成的循环语句
==========================================*/
for (let i = 0; i < 10; i++) {
    // 输出1-10
    console.log(i + 1);
}
let i = 0;
do {
    console.log(i + 1);
    i++;
} while(i < 10)
let j = 0;
while(j < 10) {
    console.log(j + 1);
    j++;
}

let a = [1,2,3,4,5,6,7,8,9,10];
for(let i in a) {
    console.log(a[i]);
}
for(let i of a) {
    console.log(i);
}
```

图 5-10 由操作符构成的循环语句的不同实现方式

```
/*==========================================
函数构成的循环语句
==========================================*/
// 输出1-10
const a = [1,2,3,4,5,6,7,8,9,10];

a.forEach(i => console.log(i));

a.map(i => console.log(i))

a.filter(i => console.log(i));

a.reduce((i,j) => console.log(i = j),a[0]);

a.every(i => console.log(i) === undefined);

a.some(i => console.log(i) !== undefined);

a.find(i => console.log(i) !== undefined);
```

图 5-11 由函数构成的循环语句的不同实现方式

5.1.3 JavaScript 程序示例

本节展示如何使用 JavaScript 中的基本语法来完成一个程序实例。

任务：对于给定的一个由数字组成的数组，找出其中为奇数的数字，生成一个新的数组，将这个新的数组升序排列，将排列好的数组的每一项乘以 2，生成一个新的数组返回。

程序实现：实现该功能的 JavaScript 代码如图 5-12 所示。

```
const a = [2, 9, 5, 16, 3, 8, 4];
function solution(arr) {
    const n_arr = [];
    for(let i of arr) {
        if(i % 2 === 0) {
            n_arr.push(i);
        }
    }
    for(let i = 0; i < n_arr.length; i++) {
        for(let j = 0; j < n_arr.length - i; j++) {
            if(n_arr[j] > n_arr[j+1]) {
                let tmp = n_arr[j+1];
                n_arr[j+1] = n_arr[j];
                n_arr[j] = tmp;
            }
        }
    }
    for(let i in n_arr) {
        n_arr[i] *= 2;
    }

    return n_arr;

}
console.log(solution(a)); // output is [4, 8, 16, 32]
```

图 5-12 JavaScript 实现代码示意图

5.2 JavaScript 的面向对象编程

JavaScript 语言是基于对象的，而不是面向对象的。JavaScript 中有对象的概念，例如，对象数据类型具有对数据和方法封装的功能，但是没有继承的概念。从定义的角度来看，JavaScript 中有两种类型的对象：一种是 JavaScript 语言本身提供的内置对象，例如 Date 对象或浏览器及 Node 运行环境提供的对象；另一种是用户根据需要自己创建的对象。

面向对象编程是指采用创建类和对象的方法来思考问题、解决问题的一种编程方法。JavaScript 中提供了 class 关键字来模拟定义传统面向对象编程中的类的概念。这种通过 class 关键字声明的类本质上是一种基于原型的实现。图 5-13 给出了 JavaScript 中定义类的基本语法。当使用 class 关键字创建好一个类后，可以用 new 关键字来从该类派生出新的对象，对象将继承类的所有属性和方法。

```
/*==========================================
JavaScript class declaration and usage
==========================================*/

class Person {
    constructor(name, age) {
        this.name = name;
        this.age = age
    }
    sayHi () {
        console.log(`My name is ${this.name} and my age is ${this.age}`);
    }
}

const xiaoming = new Person('xiaoming', 21);
xiaoming.sayHi(); // output shoud be 'My name is xiaoming and my age is 21'
```

图 5-13 JavaScript 中类的定义方法

5.2.1 JavaScript 面向对象编程的概念和原则

JavaScript 面向对象编程的概念是基于面向对象编程（OOP）的理论，用 JavaScript 模拟对象、创建对象，使用对象来编程的一种方法。OOP 的基本概念是在程序中使用对象来模拟现实世界中的所有物体。对象可以包含属性和方法，属性通常用来存储数据。

下面用一个简单的例子讲解面向对象编程的基本方法。

假设创建了 Person 这个类，如图 5-13 所示。现在要从此类创建多个不同的 Person，如图 5-14 所示。图 5-14 中的 Person1 和 Person2 都将具有 Person 这个类中的 sayHi 方法。这种从 Person 类创建 Person1 和 Person2 对象的过程叫作 Person 类的对象实例化。

```
/*============================================
Creating Person instances
============================================*/

const Person1 = new Person('xiaoming', 21);
const Person2 = new Person('xiaohong', 20);
Person1.sayHi();// output shoud be 'My name is xiaoming and my age is 21'
Person2.sayHi();// output shoud be 'My name is xiaohong and my age is 20'
```

图 5-14 创建 Person 对象实例

更多的情况下，我们不需要从 Person 类创建实例，因为这样会导致所有的实例对象都大同小异。我们可能需要创建更个性化的实例，例如教师和学生。我们可以采用从类创建子类的方法来实现这个要求。每个子类都可以具有不同的个性化的属性和方法。同时，每个子类又可以具有共同父类的所有属性和方法。如图 5-15 所示。图 5-15 中的 Teacher 和 Student 都将具有 Person 这个类中的 name 和 age 属性及 sayHi 方法。但是 Teacher 和 Student 又都具有不同的额外属性和方法。

```
/*============================================
Creating subclasses from Person
============================================*/

class Teacher extends Person {
    constructor(name, age, lesson) {
        super(name, age);
        this.lesson = lesson;
    }
    teach() {
        console.log(`I am a teacher and I teach ${this.lesson}`)
    }
}
class Student extends Person {
    constructor(name, age, lesson) {
        super(name, age);
        this.lesson = lesson;
    }
    learn() {
        console.log(`I am a student and I learn ${this.lesson}`)
    }
}
```

图 5-15 由父类创建子类代码示意图

创建好子类 Teacher 和 Student 后，可以从 Teacher 和 Student 这两个子类创建不同的对象实例，这些对象实例除了有共同父类 Person 的方法外还具有各自 Teacher 和 Student 子类的独特属性和方法，如图 5-16 所示。

```
/*===============================================
Creating instances from subclasses
===============================================*/

const teacher1 = new Teacher('laoli', 40, 'English');
teacher1.sayHi(); //output shoud be 'My name is laoli and my age is 40'
teacher1.teach(); //output shoud be 'My name is laoli and I teach English'

const student1 = new Student('xiaoli', 19, 'English');
student1.sayHi(); //output shoud be 'My name is xiaoli and my age is 19'
student1.learn(); //output shoud be 'My name is xiaoli and I learn English'
```

图 5-16 由子类创建实例方法示意图

5.2.2 JavaScript 面向对象编程的程序示例

本节展示如何使用 JavaScript 中的面向对象的方法来完成一个程序实例。

任务：对于给定的一个由数字组成的数组，找出其中为奇数的数字，生成一个新的数组，将这个新的数组升序排列，将排列好的数组的每一项乘以 2，生成一个新的数组返回。

程序实现：实现该功能的 JavaScript 代码如图 5-17～图 5-19 所示。

```
/*===============================================
JavaScript面向对象实现代码：对于给定的一个由数字组成的数组，
找出其中为奇数的数字，生成一个新的数组，将这个新的数组
升序排列，将排列好的数组的每一项乘以2，生成一个新的数组返回。
===============================================*/

class MyArray {
    constructor(arr) {
        this.arr = arr;
        this.result = [];
    }
    getOddNum() {
        for(let i of this.arr) {
            if(i % 2 === 0) {
                this.result.push(i);
            }
        }
    }
}
```

图 5-17 定义父类

```
class MySubArray extends MyArray {
    constructor(arr) {
        super(arr);
        this.result = []
    }
    sortArr() {
        this.result = Array.from(this.arr);
        for(let i = 0; i < this.result.length; i++) {
            for(let j = 0; j < this.result.length - i; j++) {
                if(this.result[j] > this.result[j+1]) {
                    let tmp = this.result[j+1];
                    this.result[j+1] = this.result[j];
                    this.result[j] = tmp;
                }
            }
        }
    }
    mulplyArr() {
        for(let i in this.result) {
            this.result[i] *= 2;
        }
    }
}
```

图 5-18 定义子类

```
const a = new MyArray([2, 9, 5, 16, 3, 8, 4]);
a.getOddNum();
b = a.result;
const c = new MySubArray(b);
c.sortArr();
c.mulplyArr();
const d = c.result;
console.log(d); // output is [4, 8, 16, 32]
```

图 5-19 实例化并获得结果

5.3 JavaScript 的函数式编程

函数式编程是和面向对象编程并列的另一种编程范式。函数式编程的主要概念是不改变原始数据(immutability)和纯函数(pure function)。通过编写不产生任何副作用的纯函数,并且让数据在纯函数间流动,使函数式编程更加有利于系统的可维护性。JavaScript 中函数即是变量的特点使 JavaScript 天生具有可使用函数式编程的便利性。

5.3.1 JavaScript 函数式编程的概念和原则

为了更好地了解函数式编程,需要首先了解纯函数的概念。纯函数有两个特点:一个是给定相同的输入,该函数总是给出相同的输出;二是该函数没有副作用,即不会改变输入的原始数据。图 5-20 给出一个计算圆的面积的纯函数的例子。

```
/*==========================================
Pure function to calculate the area of a circle
==========================================*/

let PI = 3.14;
const calculateArea = radius => radius ** 2 * PI;
calculateArea(1); //output should be 3.14
```

图 5-20 计算圆面积的纯函数示意图

图 5-20 中的 PI 是一个变量，如果 PI 的值发生了改变，那么该函数 calculateArea 就不再是一个纯函数了。为了避免这种情况发生，可以将图 5-20 中的纯函数修改为鲁棒性更强的纯函数，如图 5-21 所示。

```
/*==========================================
A More robust pure function to calculate the area of a circle
==========================================*/

let PI = 3.14;
const calculateArea = (radius, pi) => radius ** 2 * pi;
calculateArea(1, PI); //output should be 3.14
```

图 5-21 鲁棒性更强的计算圆面积的纯函数示意图

通过以上例子应该能够很好地理解纯函数的概念。下面来看看函数式编程的另一个重要方面——不改变原始数据性，即不变性。

如果数据具有不可变性，则说明数据被创建好后将不再改变。但是程序的运行将不可避免地改变某些数据，所以我们能做的就是在需要改变数据的时候不断创建新的数据，而让新的数据和原来的数据具有相同的值。这就是函数式编程中实现原始数据不变性的原则。

同样，以图 5-21 计算圆的面积的纯函数为例。如果原始数据是以数组的形式保存的，而函数的参数同样是数组的形式，那么如图 5-21 所示的纯函数将变为如图 5-22 所示的形式。

```
/*==========================================
Input data in the form of Array to calculate the area of a circle
==========================================*/

let arr = [1, 3.14, 0] //radius, PI, and result
const calculateArea = (arr) => arr[2] = arr[0] ** 2 * arr[1];
calculateArea(arr);
console.log(arr[2]) //output should be 3.14
```

图 5-22 不具有不变性的纯函数示意图

为了使纯函数具有不变性，可以将如图 5-22 所示的纯函数改为如图 5-23 所示的纯函数。

```
/*============================================
Input data in the form of Array to calculate the area of a circle
============================================*/

let arr = [1, 3.14, 0] //radius, PI, and result
const calculateArea = (arr) => {
    const n_arr = Array.from(arr);
    n_arr[2] = n_arr[0] ** 2 * n_arr[1];
    return n_arr;
}
const n_arr = calculateArea(arr);
console.log(n_arr[2]) //output should be 3.14
```

图 5-23 具有不变性的纯函数示意图

5.3.2 JavaScript 函数式编程的程序示例

本节展示如何使用 JavaScript 中的面向对象的方法来完成一个程序实例。

任务：对于给定的一个由数字组成的数组，找出其中为奇数的数字，生成一个新的数组，将这个新的数组升序排列，将排列好的数组的每一项乘以 2，生成一个新的数组返回。

程序实现：实现该功能的 JavaScript 代码分别如图 5-24～图 5-26 所示。

```
/*============================================
JavaScript面向函数实现代码：对于给定的一个由数字组成的数组，
找出其中为奇数的数字，生成一个新的数组，将这个新的数组
升序排列，将排列好的数组的每一项乘以2，生成一个新的数组返回。
============================================*/

const getOddNum = arr => {
    const n_arr = [];
    for(let i of arr) {
        if(i % 2 === 0) {
            n_arr.push(i);
        }
    }
    return n_arr;
}
```

图 5-24 实现获取奇数功能的纯函数

```
const sortArr = arr => {
    const n_arr = Array.from(arr);
    for(let i = 0; i < n_arr.length; i++) {
        for(let j = 0; j < n_arr.length - i; j++) {
            if(n_arr[j] > n_arr[j+1]) {
                let tmp = n_arr[j+1];
                n_arr[j+1] = n_arr[j];
                n_arr[j] = tmp;
            }
        }
    }
    return n_arr;
}
```

图 5-25 实现排序功能的纯函数

```
const multiplyArr = arr ⇒ {
    const n_arr = Array.from(arr);
    for(let i in n_arr) {
        n_arr[i] *= 2;
    }
    return n_arr;
}

const a = [2, 9, 5, 16, 3, 8, 4];
const b = getOddNum(a);
const c = sortArr(b);
const d = multiplyArr(c);
console.log(d); // output is [4, 8, 16, 32]
```

图 5-26　实现对数字做乘法功能的纯函数及结果

5.4　ES6 基础知识

ES6 的正式名称为 ECMAScript 2015(ES 2015)。与上一个版本 ES5 相比,ES6 增加了很多特性。由于这些特性相较之前的版本有较大变化,因此本节将详细讲解 ES6 中增加的主要特性。

本节将要讲解的 ES6 中的主要特性为:函数的默认参数、字符串模板、多行字符串、解构赋值、对象表达式、箭头函数、Promise、let 和 const、类、模块、可计算的对象属性、for…of 语句、getters 和 setters。

5.4.1　ES6 的主要特性

1. 函数的默认参数

在 ES6 中,我们可以在声明定义函数时给出函数参数的默认值,而在 ES5 中我们只能在函数体中通过编程实现,如图 5-27 所示。

```
/* Default parameters in ES6 */
const sayHi = function(name = 'xiaoming') {
    console.log('Hello ' + name);
}

/* Default parameters in ES5 */
const sayHello = function(name) {
    console.log(console.log(name || 'xiaoming'))
}
```

图 5-27　ES6 和 ES5 中函数参数默认值的程序示例

2. 字符串模板

在 ES6 中,我们可以用反引号来创建字符串,在反引号中可以通过 ${}来获取变量的值,而在 ES5 中只能通过字符串的拼接实现相同的功能,如图 5-28 所示。

```
/* Template Literals in ES6 */
const name = 'xiaoming';
const greetings = `Good morning ${name}`;

/* Template Literals in ES5 */
const name = 'xiaoming';
const greetings = 'Good morning ' + name;
```

图 5-28　ES6 和 ES5 中字符串模板的程序示例

3. 多行字符串

在 ES6 中,我们可以用反引号来创建多行字符串,而在 ES5 中只能通过对字符串的拼接实现相同的功能,如图 5-29 所示。

```
/* Multi-line Strings in ES6 */
const greetings = `Good morning xiaoming.
                   How are you these days?`;

/* Multi-line Strings in ES5 */
const greetings = 'Good morning xiaoming.\n'
                 + 'How are you these days?';
```

图 5-29　ES6 和 ES5 中多行字符串的程序示例

4. 解构赋值

在 ES6 中,我们可以对数组或者对象进行解构,并将数组的元素的值赋给具有同样结构的变量数组,或者将对象的属性值赋给具有同样结构和名称的变量对象。这种解构赋值在 ES5 中只能通过编程来实现,如图 5-30 所示。

5. 对象表达式

在 ES6 中,当对象的属性名称和表示属性值的变量名称相同时,可以采用只写属性名称的简写方式。而在 ES5 中不存在这种简写方式,如图 5-31 所示。

6. 箭头函数

ES6 中引入了函数表达式的新的写法——箭头函数。箭头函数除了可以使函数表达式的写法更加简洁之外,还可以使函数中出现的 this 有固定的指代——调用该函数的上下文对象。这有别于非箭头函数中 this 在不同使用环境下具有不同指代对象的问题。ES6 中的箭头函数和 ES5 中的普通函数的写法的程序示例如图 5-32 所示。

```
/* Destructuring Assignment in ES6 */
const obj = {name: 'xiaoming', age: 21}
const arr = ['xiaoming', 21];
const {name, age} = obj;
const [aName, aAge] = arr;
console.log(name); // 'xiaoming'
console.log(age); // 21
console.log(aName); // 'xiaoming'
console.log(aAge); // 21

/* Destructuring Assignment in ES5 */
const obj = {name: 'xiaoming', age: 21}
const arr = ['xiaoming', 21];
const name = obj.name;
const age = obj.age;
const aName =arr[0];
const aAge = arr[1];
console.log(name); // 'xiaoming'
console.log(age); // 21
console.log(aName); // 'xiaoming'
console.log(aAge); // 21
```

图 5-30　ES6 和 ES5 中解构赋值的程序示例

```
/* Enhanced Object Literals in ES6 */
function buyFood(fish, meat, vegetable) {
    return {
      fish,
      meat,
      vegetable
    }
 }

buyFood("Salmon", "Beef", "Carot");

/* Object Literals in ES5 */
function buyFood(fish, meat, vegetable) {
    return {
      fish: fish,
      meat: meat,
      vegetable: vegetable
    }
 }

buyFood("Salmon", "Beef", "Carot");
```

图 5-31　ES6 和 ES5 中对象表达式的程序示例

```
/* Arrow Functions in ES6 */
const sayHi = name => console.log(name);

sayHi();

/* Functions in ES5 */
const sayHi = function(name) {
    console.log(name);
};

sayHi();
```

图 5-32　ES6 和 ES5 中箭头函数的程序示例

7. Promises

Promises 是用来完成异步功能的对象，通过使用该对象的返回值的不同方法，可以获取 Promises 处理的值。ES6 中提供了原生的 Promises 对象。而在 ES5 中只能通过复杂的编程或者借用其他的库的方法实现相同的功能。由于 ES5 实现代码的复杂性，这里只是给出 ES6 代码的实现，如图 5-33 所示。

8. 块级作用域的变量声明关键字

ES6 中引入了块级作用域的变量声明关键字 let 和 const。所谓块级作用域，就是由花括号包围的区域。所以，let 和 const 与 ES5 中的 var 的主要区别就是：var 的作用域是由最近的函数体决定的，而 let 和 const 的作用域是由最近的花括号和 var 相比决定的。另外，

```
/* Promises in ES6 */
const p = new Promise((resolve, reject) => {
    setTimeout(() => resolve('success'), 2000);
});
p.then((data) => console.log(data));
```

图 5-33　ES6 中 Promise 的程序示例

let 和 const 还具有只能声明一次、不具有变量提升的特点，const 可以用来声明常量。在学习曲线方面，let 和 const 比 var 更加简单。很多时候需要运行程序后才能知道 var 带来的准确含义，而 let 和 const 在没有运行的时候就能够让学习者了解不同变量的作用范围。ES6 和 ES5 中不同变量声明关键字的使用程序示例如图 5-34 和图 5-35 所示。

```
/* Block-Scoped Constructs Let and Const in ES6 */
const num = 10;
for(let i = num; i < num; i++) {
}
console.log(i); // Uncaught ReferenceError: i is not defined

/* Function-Scoped Constructs Var in ES5 */
const num = 10;
for(var i = num; i < num; i++) {
}
console.log(i); // 10
```

图 5-34　ES6 和 ES5 中块级作用域实现的程序示例 1

```
/* Block-Scoped Constructs Let and Const in ES6 */
function getNum(value) {
    let num = 0;
    if(value) {
        let num = 1;
    }
    return amount;
}
console.log(getNum(true)); // output: 0

/* Function-Scoped Constructs Var in ES5 */
function getNum(value) {
    var num = 0;
    if(value) {
        var num = 1;
    }
    return amount;
}
console.log(getNum(true)); // output: 1
```

图 5-35　ES6 和 ES5 中块级作用域实现的程序示例 2

虽然 const 是定义一个常量，但是如果该常量是对象，那么 const 保存的就是该对象的索引。用 const 定义对象的问题如图 5-36 所示，解决方案如图 5-37 所示。

```
/* problem of const */
const obj = {name: 'xiaoming'};
console.log(obj.name); // 'xiaoming'

obj.name = 'xiaohong';
console.log(obj.name); // 'xiaohong
```

图 5-36 使用 const 声明对象的程序示例

```
/* solution of const */
const obj = {name: 'xiaoming'};
Object.freeze(obj);
console.log(obj.name); // 'xiaoming'

obj.name = 'xiaohong';
console.log(obj.name); // 'xiaohong
```

图 5-37 使用 const 声明对象时解决方案的程序示例

9. 类的实现

在 ES6 中，我们可以用关键字 class 来创建类，虽然 JavaScript 是一种基于原型的编程语言，但是关键字 class 和其他相关关键字给 JavaScript 提供了模拟面向对象的编程语法。而在 ES5 中只能通过编程的方式来模拟实现面向对象的编程范式。图 5-38 给出了 ES6 中类的定义与使用以及 ES5 中对类的定义与使用的示例。图 5-39 给出了 ES6 中子类的定义与使用以及 ES5 中对子类的定义与使用的示列。

```
/* Classes in ES6 */
class Person {
    constructor(name, age) {
        this.name = name;
        this.age = age;
    }
    getName() {
       return this.name;
    }
}
const person1 = new Person('xiaoming', 21);
console.log(person1.getName()); // 'xiaoming'
/* Classes in ES5 */
function Person(name, age) {
    this.name = name;
    this.age = age;
    this.getName = function() {
        return this.name;
    }
}
const person1 = new Person('xiaoming', 21);
console.log(person1.getName()); // 'xiaoming'
```

图 5-38 ES6 和 ES5 中类的实现的程序示例

需要注意的是，有些类的特性，例如类中的私有方法，还处于实验阶段，暂时无法在浏览器中使用。遇到这种情况，使用 babel 进行转义是通常使用的一种方法。同理，其他

```
/* Subclasses in ES6 */
class Student extends Person {
    constructor(name, age, score) {
        super(name, age);
        this.score = score;
    }
    getScore() {
       return `${this.getName()} has score of ${this.score}`;
    }
}
const student1 = new Student('xiaoming', 21, 90);
console.log(student1.getScore()); // 'xiaoming has score of 90'
/* Subclasses in ES5 */
function Student(name, age, score) {
    Person.call(this, name, age);
    this.score = score;
    this.getScore = function() {
        return `${this.getName()} has score of ${this.score}`;
    }
}
const student1 = new Student('xiaoming', 21, 90);
console.log(student1.getScore()); // 'xiaoming has score of 90'
```

图 5-39 ES6 和 ES5 中子类的实现的程序示例

暂时在浏览器中不能够使用的新特性往往也可以通过 babel 转义来实现。使用 babel 来实现类中的私有属性的程序示例如图 5-40 所示。使用 babel 的 package.json 文件和命令如图 5-41 所示。使用 npm install 命令安装依赖包后在命令行进行文件转义的命令如图 5-42 所示。

```
class Person {
    constructor(name) {
        this.name = name;
    }
    #hi() {
        return 'hello world';
    }
    sayHi() {
        return `${this.#hi()} ${this.name}`;
    }
}
const person1 = new Person('xiaoming');
console.log(person1.sayHi()); // 'hello world xiaoming'
```

图 5-40 ES6 和 ES5 中子类的实现的程序示例

10. 模块的实现

开发大型复杂程序的时候往往需要将程序的功能分别用多个不同的 JavaScript 文件实现，这些不同的 JavaScript 文件就构成了 JavaScript 程序的模块。不同模块间的程序联合工作需要用到 import 和 export 关键字。在 ES5 中只能使用额外的工具来辅助实现该功

```
{
  "name": "babel",
  "version": "1.0.0",
  "description": "",
  "main": "index.js",
  "scripts": {
    "test": "echo \"Error: no test specified\" && exit 1"
  },
  "author": "",
  "devDependencies": {
    "@babel/cli": "^7.0.0",
    "@babel/core": "^7.0.0",
    "@babel/plugin-proposal-private-methods": "^7.8.3"
  },
  "license": "ISC"
}
```

图 5-41　使用 babel 的 package.json 文件示例

```
./node_modules/.bin/babel --plugins @babel/plugin-proposal-private-methods script.js -o result.js
```

图 5-42　使用 babel 的命令示例

能。在 ES6 中将模块变成了 JavaScript 语言本身的一个特性。在浏览器中 ES6 模块的具体使用方法如图 5-43～图 5-45 所示。

```
<!DOCTYPE html>
<html lang="en">
<head>
    <meta charset="UTF-8">
    <meta name="viewport" content="width=device-width, initial-scale=1.0">
    <title>module</title>
</head>
<body>
    <script type="module" src="module1.js"></script>
    <script type="module" src="module2.js"></script>
</body>
</html>
```

图 5-43　ES6 中模块在浏览器的使用的程序示例 1

```
export const name = 'xiaoming';
export function sayHi() {
    return 'hello world';
};
```

图 5-44　ES6 中模块在浏览器的使用的程序示例 2

```
import {name, sayHi} from './module1.js';

console.log(`${sayHi()} ${name}`);
```

图 5-45　ES6 中模块在浏览器的使用的程序示例 3

11. 可计算的对象属性

在 ES6 中,可以使用表达式作为对象属性。这时需要使用[]来计算表达式的值。图 5-46 给出了通过表达式来计算对象属性的程序示例。

```
/* Computed property keys in ES6 */
let name = 'student';
let getAge = () => 'age';

let obj = {
    [name]: 'xiaoming',
    [getAge()]: 21
}

console.log(obj.student); // 'xiaoming'
console.log(obj[name]); // 'xiaoming'
console.log(obj.age); // 21
console.log(obj[getAge()]); // 21
```

图 5-46 ES6 中表达式作为对象属性的程序示例 3

12. for…of 语句

ES6 中提供的 for…of 语句可以用来代替 for…in 语句和数组的 forEach 方法。for…of 语句可以用来遍历各种数据结构,例如,数组、字符串、Maps、Sets 等。在某些情况下,for…of 比 for…in 和 forEach 具有更多的优点。图 5-47 和图 5-48 给出了 for…of 遍历部分不同数据结构的程序示例。

```
/* for ... of statement */

/* Iterating over an Array */
/* The results are 1, 2, 3 */
const iterable = [1, 3, 3];
for(const value of iterable) {
    console.log(value)
}

/* Iterating over a String */
/* The results are 'h', 'e', 'l', 'l', 'o' */
const iterable = 'hello';
for(const value of iterable) {
    console.log(value)
}

/* Iterating over a Set */
/* The results are 1, 2, 3 */
const iterable = new Set([1,2,3]);
for(const value of iterable) {
    console.log(value)
}
```

图 5-47 ES6 中 for…of 语句的程序示例 1

```
/* Iterating over a Map */
/* The results are 1, 2, 3 */
const iterable = new Map([['a', 1], ['b', 2], ['c', 3]]);
for(const value of iterable) {
    console.log(value)
}
/* Iterating over arguments object */
/* The results are 'a', 'b', 'c' */
(function() {
    for (let value of arguments) {
        console.log(value);
    }
})('a', 'b', 'c');
/* Iterating over generator function */
/* The results are 0, 1, 2 */
function* iterable() {
    for(let i = 0; i < 3; i++) {
        yield i;
    }
}
for(let value of iterable()) {
    console.log(value);
}
```

图 5-48 ES6 中 for…of 语句的程序示例 2

13. Getters 和 Setters

Getters 和 Setters 可以让我们在定义对象的属性时增加额外的数据处理功能。Getters 和 Setters 既可以用在类的声明中，也可以用在对象的声明中。图 5-49 给出了在类中使用 Getters 和 Setters 的程序示例。图 5-50 给出了在对象中使用 Getters 和 Setters 的程序示例。

```
/* Getters & Setters in Class */
class Student {
    constructor(age) {
        this.age = age;
    }
    get score() {
        return this.age * 2 >100 ? 100 : this.age * 2;
    }
    set score(num) {
        this.age = num;
    }
}
const stu1 = new Student(21);
console.log(stu1.score); // 42
stu1.score = 70;
console.log(stu1.score); // 100
```

图 5-49 在类中使用 Getters 和 Setters 的程序示例

```
/* Getters & Setters in Object */
const student = {
    age: 21,
    get score() {
        return this.age * 2 >100 ? 100 : this.age * 2;
    },
    set score(num) {
        this.age = num;
    }
}
console.log(student.score); // 42
student.score = 70;
console.log(student.score); // 100
```

图 5-50 在对象中使用 Getters 和 Setters 的程序示例

5.4.2 ES6 程序示例

本节展示如何使用 ES6 的知识来完成一个程序示例。

任务：请对比 ES5 和 ES6 在实现(模拟实现)类的静态方法(属性)、实例方法(属性)、私有方法(属性)的区别。

程序实现：静态方法(属性)的代码如图 5-51 所示，实例方法(属性)的代码如图 5-52 所示，私有方法(属性)的代码如图 5-53 所示。

```
/* Static property and methods in ES5 */
function Student() {
}
Student.grade = 'Three';
Student.getAge = function() {
    return 'between 8 and 10';
}
console.log(Student.grade); // 'Three'
console.log(Student.getAge()); // 'between 8 and 10'

/* Static property and methods in ES6 */
class Student {
    static grade = 'Three';
    static getAge() {
        return 'between 8 and 10';
    }
}
console.log(Student.grade); // 'Three'
console.log(Student.getAge()); // 'between 8 and 10'
```

图 5-51 ES5 和 ES6 静态方法和属性的代码实现图

```
/* Instance property and methods in ES5 */
function Student(name, age) {
    this.name = name;
    this.age = age;
    this.sayHi = function() {
        return 'I am ' + this.name + ' and I am ' + this.age + ' years old';
    }
}
var stu1 = new Student('xiaoming', 21);
console.log(stu1.name); // 'xiaoming'
console.log(stu1.sayHi()); // 'I am xiaoming and I am 21 years old'

/* Instance property and methods in ES6 */
class Student {
    constructor(name, age) {
        this.name = name;
        this.age = age;
    }
    sayHi() {
        return 'I am ' + this.name + ' and I am ' + this.age + ' years old';
    }
}
var stu1 = new Student('xiaoming', 21);
console.log(stu1.name); // 'xiaoming'
console.log(stu1.sayHi()); // 'I am xiaoming and I am 21 years old'
```

图 5-52　ES5 和 ES6 实例方法和属性的代码实现图

```
/* Private property and methods in ES5 */
function Student(name) {
    this.name = name;
    var greetings = 'hello'; // private property
    var concating = function(arr) {
        return arr.join(' ');
    } // private methods
    this.sayHi = function() {
        return concating([greetings, 'I am', this.name]);
    }
}
var stu1 = new Student('xiaoming');
console.log(stu1.sayHi()); // 'hello I am xiaoming'

/* Private property and methods in ES6 */
class Student {
    constructor(name) {
        this.name = name;
    }
    #greetings = 'hello';
    #concating = arr => {
        return arr.join(' ');
    }
    sayHi() {
        return this.#concating([this.#greetings, 'I am', this.name]);
    }
}
var stu1 = new Student('xiaoming');
console.log(stu1.sayHi()); // 'hello I am xiaoming'
```

图 5-53　ES5 和 ES6 私有方法和属性的代码实现图

本章小结

JavaScript是Web开发的核心支柱。本章重点讲解了JavaScript中的基本语法、如何使用JavaScript进行面向对象编程以及如何使用JavaScript进行函数式编程。本章还介绍了ES6中的各种主要新特性，包括函数的默认参数、字符串模板、多行字符串、解构赋值、改进的对象表达式、箭头函数、Promise、let与const、类、模块、可计算的对象属性、for…of语句、Getters和Setters。在实例部分，完成了ES5和ES6在实现类的各种不同特性方面的代码实现。有了本章的这些基础，读者就可以在Web上用JavaScript进行编程，或者进行其他需要进行JavaScript编程的工作。

本章主要介绍了如下内容：

(1) JavaScript的基本语法。

(2) JavaScript中面向对象编程的概念和编程范式。

(3) JavaScript中函数式编程的概念和编程范式。

(4) ES6中各种主要的新特性的基本概念和用法。

(5) ES5和ES6在实现类的各种不同特性方面的代码实现。

(6) 用JavaScript解决实际问题的方法。

思考题

(1) JavaScript中有哪些数据类型？

(2) JavaScript中的操作符"=="和"==="有什么区别？

(3) 请简述JavaScript中的函数式编程和面向对象编程的基本概念。

(4) 请解释ES6中字符串模版的使用方法。

(5) 请解释ES6中箭头函数和ES5中函数的异同。

(6) 请对比ES5和ES6在实现(模拟实现)类的静态方法(属性)、实例方法(属性)、私有方法(属性)的区别。

微课视频 6

第 6 章 HTML5 之 canvas

CHAPTER 6

canvas 是 HTML5 中提供的 Web API 之一，主要用来通过 JavaScript 在 Web 上绘制渲染 2D 和 3D 图片，从而实现创建动画、游戏、数据可视化、照片处理以及实时视频处理等应用。绘制 3D 图形需要采用 WebGL API[6]。本章将主要讲解 2D 图形的绘制与渲染知识。

canvas API 主要借助 JavaScript 和 HTML 中的 canvas 标签来实现功能。图 6-1 给出了创建 canvas 画布的 HTML 标签。

```
<html lang="en">
<head>
    <meta charset="UTF-8">
    <meta name="viewport" content="width=device-width, initial-scale=1.0">
    <title>canvas</title>
</head>
<body>
    <canvas></canvas>
</body>
</html>
```

图 6-1　canvas 标签的使用

如图 6-1 所示，当使用 canvas 标签后，浏览器就自动创建了一个 300×150px 大小的画布。如果需要改变画布大小，则可以通过 canvas 标签的 width 和 height 属性完成。

本章将重点详细讲解如何通过 canvas API 绘制基本的图形以及如何通过 canvas API 创建动画。

本章在首先介绍如何通过 canvas API 创建点、线、面、增加色彩等常用方法。然后介绍如何使用 canvas 创建动画。最后介绍用 canvas 解决的一些实际问题。所有内容都将结合实例进行示范讲解。本章重点掌握以下要点：

（1）canvas API 的常用方法；

（2）canvas API 创建动画；

（3）canvas API 解决实际问题的方法。

6.1 canvas API 的使用要点

在介绍 canvas API 的常用 JavaScript 方法之前先来看看 canvas 标签的常用属性。通常情况下，只需要设定 canvas 标签的 width 和 height 属性。这里要注意的是，虽然可以通过在 CSS 中设定 canvas 标签的宽度和高度，但是并不建议这样做。因为如果 CSS 中设定的宽度和高度不符合 canvas 的默认大小(300×150px)的长宽比例时，canvas 上面的图形将会发生扭曲变形。用属性设定 canvas 大小的方法如图 6-2 所示。

```
<html lang="en">
<head>
    <meta charset="UTF-8">
    <meta name="viewport" content="width=device-width, initial-scale=1.0">
    <title>canvas</title>
</head>
<body>
    <canvas id="mycanvas" width="400" height="400"></canvas>
    <script src="script.js"></script>
</body>
</html>
```

图 6-2 用属性设定 canvas 大小的示例图

6.1.1 canvas 的上下文对象

canvas 的上下文对象是采用 JavaScript 来操作 canvas 的核心对象。用 JavaScript 处理 canvas 的本质是对像素的各种处理。canvas 的上下文对象可以理解成用来作画的纸张，canvas API 的各种函数可以理解成作画的各种工具。如果创建 canvas 标签是使用 canvas API 的第一步，那么获取 canvas 的上下文对象就是使用 canvas API 的第二步。获取如图 6-2 所示的 canvas 上下文对象的代码如图 6-3 所示。

```
const canvas = document.getElementById('mycanvas');
const ctx = canvas.getContext('2d');
```

图 6-3 获取 canvas 上下文对象程序示例

6.1.2 用 canvas 创建点、线和面

图形的基本元素是点以及由点构成的线和由线构成的面。canvas 是由像素构成的网格。该网格的坐标原点在画布的左上角，x 是水平轴的坐标，y 是垂直轴的坐标，如图 6-4 所示。

用 canvas 创建点和线的代码如图 6-5 所示，效果如图 6-6 所示。

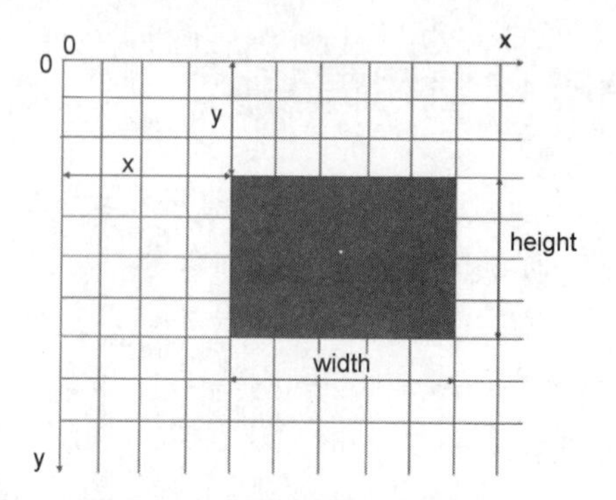

图 6-4　canvas 画布坐标示意图

```
const canvas = document.getElementById('mycanvas');
const ctx = canvas.getContext('2d');

ctx.moveTo(50, 50); //在坐标(50,50)处画点
ctx.lineTo(100, 50); //画线起点为(50,50), 终点为(100,50)
ctx.stroke(); //将线在画布上呈现出来

ctx.strokeRect(50, 60, 100, 50); //画矩形框

ctx.beginPath(); //开始画新的图形
ctx.arc(100,200,50, 0, 2 * Math.PI);//画圆
ctx.stroke()//将圆在画布上呈现出来

ctx.beginPath();
ctx.moveTo(250, 50);
ctx.quadraticCurveTo(300, 100, 350, 50);//画二次方贝塞尔曲线
ctx.stroke();

ctx.beginPath();
ctx.moveTo(250, 200);
ctx.bezierCurveTo(270, 230, 320, 260, 350, 200);//画三次方贝塞尔曲线
ctx.stroke();
```

图 6-5　canvas 创建点和线的代码示例

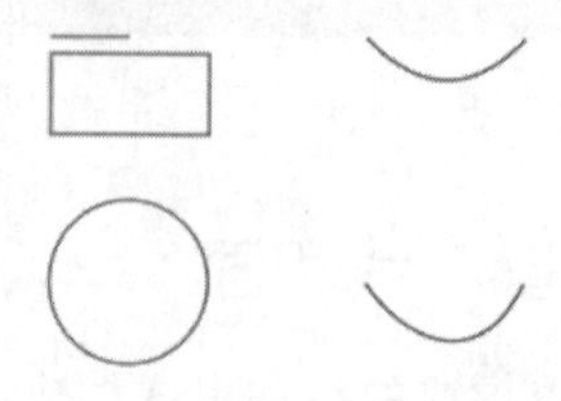

图 6-6　canvas 创建点和线的页面效果示例

在用 canvas 画图形的过程中，在每个图形代码前加一句 ctx. beginPath()是一个好的习惯。因为这样可以有效避免该段代码的图形和之前其他图形的不必要连接。用 canvas 画各种面的代码和页面效果分别如图 6-7 和图 6-8 所示。

```
ctx.beginPath();
ctx.fillRect(50, 50, 100, 50);//画矩形平面

ctx.beginPath();
ctx.arc(200, 200, 50, 0, Math.PI * 2);//画圆面
ctx.fill();

/*画多边形*/
ctx.beginPath();
ctx.moveTo(200, 50);
ctx.lineTo(300, 50);
ctx.lineTo(250, 100);
ctx.closePath();
ctx.fill();
```

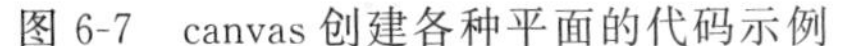
图 6-7　canvas 创建各种平面的代码示例

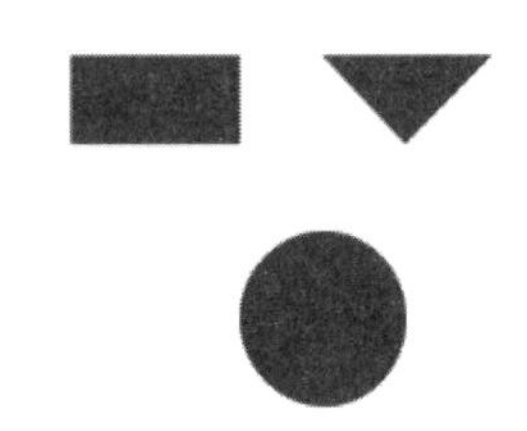
图 6-8　canvas 创建各种平面的页面效果示例

6.1.3　给 canvas 增加色彩

当我们用 canvas 绘制各种基本图形时，浏览器提供的默认颜色是黑色。当需要创建不同颜色的图形时，应在绘制图形时设定需要的颜色。

给图 6-6 和图 6-8 中的基本图形设定颜色的代码分别如图 6-9 和图 6-10 所示，页面效果如图 6-11 和图 6-12 所示。

```
/*给各种线条添加不同颜色*/
ctx.moveTo(50, 50); //在坐标(50,50)处画点
ctx.lineTo(100, 50); //画线起点为(50,50)，终点为(100,50)
ctx.strokeStyle = '#f00';
ctx.stroke(); //将线在画布上呈现出来

ctx.strokeStyle = '#0f0';
ctx.strokeRect(50, 60, 100, 50); //画矩形框

ctx.beginPath(); //开始画新的图形
ctx.arc(100,200,50, 0, 2 * Math.PI);//画圆
ctx.strokeStyle = '#00f';
ctx.stroke()//将圆在画布上呈现出来

ctx.beginPath();
ctx.moveTo(250, 50);
ctx.quadraticCurveTo(300, 100, 350, 50);//画二次方贝塞尔曲线
ctx.strokeStyle = '#0ff';
ctx.stroke();

ctx.beginPath();
ctx.moveTo(250, 200);
ctx.bezierCurveTo(270, 230, 320, 260, 350, 200);//画三次方贝塞尔曲线
ctx.strokeStyle = '#f0f';
ctx.stroke();
```

图 6-9　给 canvas 中的线条设定颜色的代码示例

```
/*给各种平面添加不同颜色*/

ctx.beginPath();
ctx.fillStyle = '#f00';
ctx.fillRect(50, 50, 100, 50);//画矩形平面

ctx.beginPath();
ctx.arc(200, 200, 50, 0, Math.PI * 2);//画圆面
ctx.fillStyle = '#0f0';
ctx.fill();

/*画多边形*/
ctx.beginPath();
ctx.moveTo(200, 50);
ctx.lineTo(300, 50);
ctx.lineTo(250, 100);
ctx.closePath();
ctx.fillStyle = '#00f';
ctx.fill();
```

图 6-10 给 canvas 中的平面设定颜色的代码示例

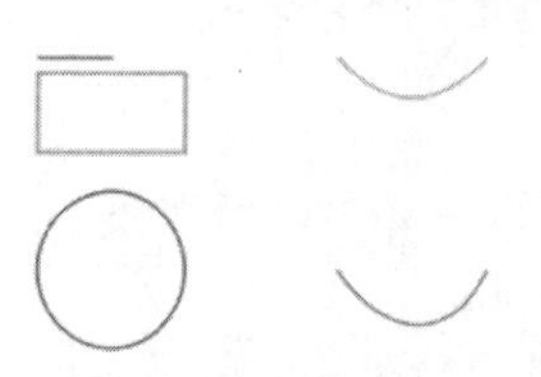

图 6-11 给 canvas 中的线条设定颜色的页面效果示例

图 6-12 给 canvas 中的平面设定颜色的页面效果示例

当用 canvas 绘制彩色图形时，需要注意的是，如果改变了浏览器的默认颜色，那么该画布上后续所有用到颜色的地方将会使用改变后的颜色，除非再将颜色主动改回默认颜色。另一种解决这个问题的方法是通过 canvas 中的 save 和 restore 方法，代码如图 6-13 所示，页面显示效果如图 6-14 所示。

```
/*Canvas中restore和save方法的使用示例*/

ctx.save()
ctx.beginPath();
ctx.fillStyle = '#f00';
ctx.fillRect(50, 50, 100, 50);//画矩形平面

ctx.restore();
ctx.beginPath();
ctx.arc(200, 200, 50, 0, Math.PI * 2);//画圆面
ctx.fill();

/*画多边形*/
ctx.save()
ctx.beginPath();
ctx.moveTo(200, 50);
ctx.lineTo(300, 50);
ctx.lineTo(250, 100);
ctx.closePath();
ctx.fillStyle = '#00f';
ctx.fill();
ctx.restore();
```

图 6-13 canvas 中 save 和 restore 方法的使用示例

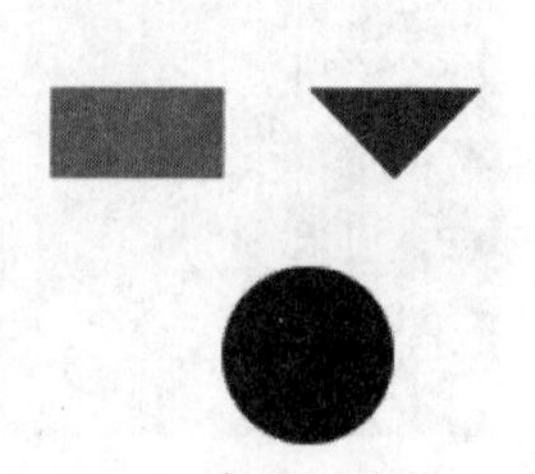

图 6-14 canvas 中 save 和 restore 方法的页面效果示例

6.1.4 canvas的其他常用方法

canvas API含有很多方法，本节介绍除了前面介绍的基本图形之外的一些常用方法，主要包括canvas对像素操作的方法和canvas平移、旋转的方法。

使用canvas创建各种图形时，本质上就是对像素的操作。我们也可以获取已知图片的像素值，然后再对像素进行某些处理。这里主要用到了getImageData和putImageData两种方法。图6-15和图6-16给出了使用canvas操作一张图片，然后对该图片的像素进行处理，再重新在canvas上绘制该张图片的代码示例。图6-17给出了图6-15和图6-16代码的页面效果图。

```
<!DOCTYPE html>
<html lang="en">
<head>
    <meta charset="UTF-8">
    <meta name="viewport" content="width=device-width, initial-scale=1.0">
    <title>canvas</title>
</head>
<body>
    <img src="animal-biology-bite.jpeg" alt="animal" width="400">
    <canvas id="mycanvas" width="800" height="800"></canvas>
    <script src="script.js"></script>
</body>
</html>
```

图6-15 canvas中处理像素的HTML代码示例

```
const canvas = document.getElementById('mycanvas');
const ctx = canvas.getContext('2d');
const img = document.getElementsByTagName('img')[0];
const canvas_img = ctx.drawImage(img, //要使用的图像
    800, 800, //原图像的x和y坐标
    400,400, //原图像的宽和高
    0,0, //要画的图像的x和y坐标
    400,400);//要画的图像的宽和高坐标
const data = ctx.getImageData(0, 0, 400, 400);//获取rgba格式的像素数据
for(let i = 0; i < data.data.length; i++) {
    let tmp = 0;
    if(i % 4 === 0) {
        tmp = data.data[i];
        data.data[i] = data.data[i+2];
        data.data[i+2] = tmp;
    }
}
ctx.putImageData(data, 400, 400);//将处理后的像素数据画到画布上
```

图6-16 canvas中处理像素的JavaScript代码示例

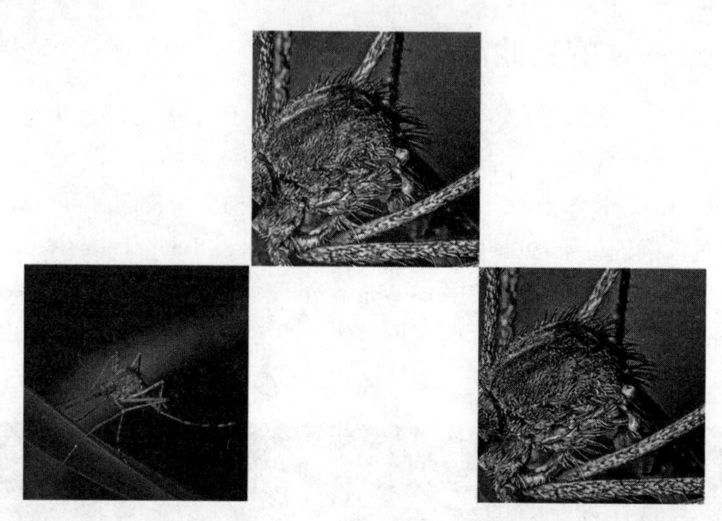

图 6-17 canvas 中处理像素的页面效果示例

6.1.5 canvas 程序示例

本节展示如何使用 canvas 绘制图形的概念及其他技术来完成一个程序实例。

任务：使用 canvas 的概念实现在页面上鼠标单击处生成随机颜色的矩形的效果，如图 6-18 所示。

图 6-18 单击生成随机颜色矩形的效果示例

程序实现：该页面的 HTML 代码如图 6-19 所示，JavaScript 代码如图 6-20 所示。

```
<html lang="en">
<head>
    <meta charset="UTF-8">
    <meta name="viewport" content="width=device-width, initial-scale=1.0">
    <title>canvas</title>
</head>
<body>
    <canvas id="mycanvas" width="400" height="400"></canvas>
    <script src="script.js"></script>
</body>
</html>
```

图 6-19 生成随机颜色矩形 HTML 代码图

```
const canvas = document.getElementById('mycanvas');
const ctx = canvas.getContext('2d');

canvas.width = window.innerWidth;
canvas.height = window.innerWidth / 2;

canvas.onclick = function(e) {
    [x, y] = [e.clientX, e.clientY];
    /*获取16进制表示的随机颜色*/
    const color ='#'+ ('00000'+Math.floor(Math.random()
     * (parseInt('ffffff', 16)+1)).toString(16)).substr(-6);
    ctx.fillStyle = color;
    ctx.fillRect(x,y,50,50);
}
```

图 6-20 生成随机颜色矩形 JavaScript 代码图

6.2 使用 canvas 创建动画

计算机动画是将一帧一帧的页面不断显示出来，从而产生一种具有连续效果的动画的技术。使用 canvas 创建动画时也要遵循这个原则。当在 canvas 上创建了图形后，图形就一直在 canvas 上。为了创建动画效果，需要将 canvas 上的图形清除掉，然后再在 canvas 上绘制新的图形。如果不断地清除并重绘图形，并让不同的绘制保持一定的时间间隔，就会产生动画效果。

6.2.1 创建 canvas 动画的基本方法

使用 canvas 创建动画首先要掌握的是如何清除 canvas 上已有的图形，见图 6-21。这可以通过 canvas API 中的 clearRect 方法来实现。

```
const canvas = document.getElementById('mycanvas');
const ctx = canvas.getContext('2d');

ctx.clearRect(0, // 要清除的画布起点x坐标
              0, // 要清除的画布起点y坐标
              canvas.width,// 要清除的画布宽度
              canvas.height);// 要清除的画布高度
```

图 6-21 清除整个 canvas 的代码示意图

除了清除画布上的某个区域，保存 canvas 的状态（save 方法）并在改变状态后恢复至初始状态（restore 方法）也是用 canvas 创建动画的过程中常用的方法。

清除画布内容后就需要重新在画布上创建图形。但是，不同的创建图形过程间需要保持一定的间隔。在 JavaScript 中通常有 3 种方法来实现这个要求：setInterval、setTimeout

和 requestAnimationFrame。图 6-22～图 6-24 为分别用这 3 种方法实现使用 canvas 创建一个移动的球的简单动画的代码实现。图 6-25 给出了该动画的静态效果图。

```
/* 使用 setInterval 实现canvas动画 */
const canvas = document.getElementById('mycanvas');
const ctx = canvas.getContext('2d');

canvas.width = window.innerWidth;
canvas.height = window.innerWidth / 2;
const start = 50, step = 10;
let x = start;
function drawBall() {
    ctx.clearRect(0, 0, canvas.width, canvas.height);
    ctx.beginPath();
    x = x > canvas.width ? start : x + step;
    ctx.arc(x,200,50,0,Math.PI*2);
    ctx.fillStyle='#f00';
    ctx.fill();
}

setInterval(drawBall, 33);
```

图 6-22　使用 setInterval 实现 canvas 动画的代码示意图

```
/* 使用 setTimeout 实现canvas动画 */
const canvas = document.getElementById('mycanvas');
const ctx = canvas.getContext('2d');

canvas.width = window.innerWidth;
canvas.height = window.innerWidth / 2;
const start = 50, step = 10;
let x = start;
function drawBall() {
    ctx.clearRect(0, 0, canvas.width, canvas.height);
    ctx.beginPath();
    x = x > canvas.width ? start : x + step;
    ctx.arc(x,200,50,0,Math.PI*2);
    ctx.fillStyle='#f00';
    ctx.fill();
    setTimeout(drawBall, 33);
}

setTimeout(drawBall, 33);
```

图 6-23　使用 setTimeout 实现 canvas 动画的代码示意图

```
/* 使用 requestAnimationFrame 实现canvas动画 */
const canvas = document.getElementById('mycanvas');
const ctx = canvas.getContext('2d');

canvas.width = window.innerWidth;
canvas.height = window.innerWidth / 2;
const start = 50, step = 10;
let x = start;
function drawBall() {
    ctx.clearRect(0, 0, canvas.width, canvas.height);
    ctx.beginPath();
    x = x > canvas.width ? start : x + step;
    ctx.arc(x,200,50,0,Math.PI*2);
    ctx.fillStyle='#f00';
    ctx.fill();
    requestAnimationFrame(drawBall);
}

requestAnimationFrame(drawBall);
```

图 6-24 使用 requestAnimationFrame 实现 canvas 动画的代码示意图

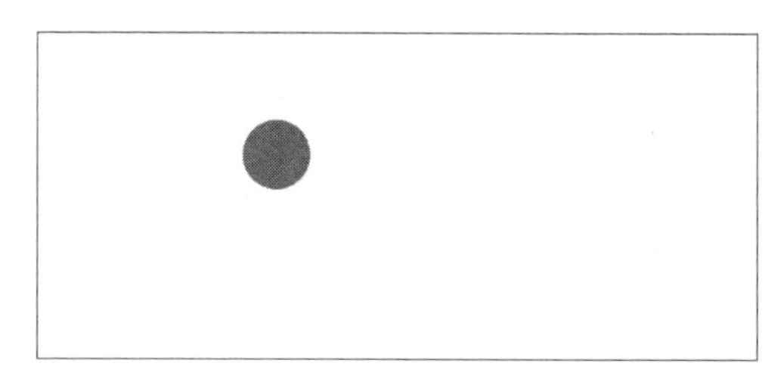

图 6-25 用 canvas 实现移动球的动画效果示意图

6.2.2 canvas 动画程序示例

本节展示如何使用 canvas 动画的概念及其他技术来完成一个程序实例。

任务：使用 canvas 动画的概念实现月球围绕地球转的动画效果，效果图如图 6-26 所示。

图 6-26 用 canvas 实现月球围绕地球转的动画效果示意图

程序实现：该页面的 HTML 代码如图 6-27 所示，JavaScript 代码如图 6-28 和图 6-29 所示。

```
<!DOCTYPE html>
<html lang="en">
<head>
    <meta charset="UTF-8">
    <meta name="viewport" content="width=device-width, initial-scale=1.0">
    <title>earth and moon</title>
</head>
<body>
    <canvas id="mycanvas"></canvas>
    <script src="earth.js"></script>
</body>
</html>
```

图 6-27 用 canvas 实现月球围绕地球转的 HTML 代码示意图

```
const canvas = document.getElementById('mycanvas');
const ctx = canvas.getContext('2d');
canvas.width = window.innerWidth;
canvas.height = window.innerWidth / 2;
const earth = new Image();
const moon = new Image();
earth.src = 'earth.png';
moon.src = 'moon.png';
angle = 0;
step = Math.PI / 180;
```

图 6-28 用 canvas 实现月球围绕地球转的 JavaScript 代码示意图 1

```
function draw() {
    ctx.clearRect(0, 0, canvas.width, canvas.height);
    ctx.fillRect(0, 0, canvas.width, canvas.height);
    ctx.save();
    ctx.translate(canvas.width / 2, canvas.height / 2);
    ctx.drawImage(earth, -100, -100, 200,200); //画地球
    ctx.restore();
    if(angle > Math.PI * 2) {
        angle -= Math.PI * 2;
    }
    angle += step;
    ctx.save();
    ctx.translate(canvas.width / 2, canvas.height / 2);
    ctx.rotate(angle);
    ctx.drawImage(moon, 300, 0, 100,100); //画月亮
    ctx.restore();
    requestAnimationFrame(draw);
}
earth.onload = function() {
    moon.onload = function() {
        draw();
    }
}
```

图 6-29 用 canvas 实现月球围绕地球转的 JavaScript 代码示意图 2

本章小结

本章首次介绍了一个 HTML5 中的 Web API——canvas。本章重点讲解了 canvas 中的基本图形的绘制和如何用 canvas 来创建基于 Web 的动画。我们通过 canvas API 的不同方法创建了一个简单的月球环绕地球旋转的动画，来展示 canvas 的强大之处。

本章主要介绍了如下内容：

(1) canvas 的基本概念。

(2) 如何用 canvas 创建基本图形。

(3) 如何用 canvas 创建动画。

思考题

(1) 请简述如何使用 canvas API 来画点、线和面。

(2) 如何将用 canvas API 创建的图形导出成图片保存？

(3) 如何用 canvas 创建动画？

微课视频 7

第 7 章 HTML5 之 video 和 audio

CHAPTER 7

Web 上的多媒体呈现一直是一个不断增长的需求。HTML5 中的 video API 和 audio API 提供了不借助插件在浏览器页面上嵌入音频和视频的能力。借助 video API 和 audio API 中的 JavaScript 方法，除了可以在浏览器上播放视频和音频之外，还可以对页面上的音频和视频进行各种处理。这大大增加了浏览器页面上各种多媒体元素的呈现方式。

视频和音频的使用首先需要借助 video 和 audio 这两个 HTML 标签，基本使用方法如图 7-1 所示。

```
<!DOCTYPE html>
<html lang="en">
<head>
    <meta charset="UTF-8">
    <meta name="viewport" content="width=device-width, initial-scale=1.0">
    <title>video and audio</title>
</head>
<body>
    <video src="zombies.mp4"></video>
    <audio src="news.mp3"></audio>
</body>
</html>
```

图 7-1　video 和 audio 标签的使用

如图 7-2 所示，当使用 video 标签后，浏览器就会自动显示 src 属性所指向的地址的视频的首页，而 audio 标签并没有使音频在页面上可视化地显示出来。

图 7-2　video 和 audio 标签的界面效果

本章将重点详细讲解如何通过 video 标签和 video API 操作处理 Web 页面上的视频以及如何通过 audio 标签和 audio API 操作处理 Web 页面上的音频。

本章首先介绍如何使用 video API，然后介绍如何使用 audio API。所有内容都将结合实例进行示范讲解。本章应重点掌握以下要点：

（1）video API 的常用方法；

（2）audio API 的常用方法；

（3）video API 和 audio API 解决实际问题的方法。

7.1　video API 的使用

通过 video 标签在 Web 上操作处理视频有两个途径：一是通过 video 标签的具有各种不同功能的标签属性来实现；二是通过 video 标签对应的具有各种不同功能的 API 方法在 JavaScript 中实现。

7.1.1　video 标签的不同属性

video 标签的常用属性为 autoplay、controls、crossorigin、width、height、loop、muted、poster 和 src。下面逐一对这些常用属性进行讲解。

1. autoplay 属性

autoplay 为布尔型属性，如果该属性存在，那么视频将会在缓存允许播放的情况下自动播放。由于 autoplay 为布尔型属性，使用 autoplay="false"将不能阻止视频的自动播放，必须去掉 autoplay 属性才能使视频不自动播放。

2. controls 属性

controls 也是布尔型属性。该属性可以显示具有控制按钮的操作界面的视频，如播放、音量、暂停等，如图 7-3 所示。

图 7-3　添加 controls 属性后的视频界面

3. crossorigin 属性

crossorigin 属性主要用来表示视频资源是否通过跨域的方式来获取，可以取值 anonymous 或者 use-credentials。

4. width 属性

width 属性用来指定视频显示区域的宽度。

5. height 属性

height 属性用来指定视频显示区域的高度。

6. loop 属性

loop 属性是布尔型属性，用来指定视频是否循环播放。

7. muted 属性

muted 属性是布尔型属性，用来指定视频所包含的音频是否被静音。

8. poster 属性

poster 属性用来指定视频在加载时显示的首页，一般它的值是图片的 URL 地址。

9. src 属性

src 属性是 video 标签最重要的属性,用来指定视频的 URL 地址。如果 video 标签不提供该 src 属性,则需要使用 source 子标签来指定视频的 URL 地址。使用 source 子元素来改写图 7-1 所示的代码后,如图 7-4 所示。在图 7-4 中,可以看到,在 video 标签中可以添加多个 source 子标签。这样做的目的是当一个 source 标签的 src 指定的 URL 地址有问题时,video 标签可以使用后面的 source 标签中的 URL 地址。

```
<!DOCTYPE html>
<html lang="en">
<head>
    <meta charset="UTF-8">
    <meta name="viewport" content="width=device-width, initial-scale=1.0">
    <title>video and audio</title>
</head>
<body>
    <video controls>
        <source src="zombies.ogv">
        <source src="zombies.mp4">
    </video>
    <audio>
        <source src="news.ogg">
        <source src="news.mp3">
    </audio>
</body>
</html>
```

图 7-4 使用 source 标签代替 src 属性的代码示例

7.1.2 video API 的使用要点

video API 的使用离不开 video 相关的各种事件。常用的事件为 canplay、canplaythrough、ended、loadeddata、pause、play、playing、progress、timeupdate、volumechange。这些事件的基本定义如下:

canplay 事件——浏览器在可以播放视频但在没有缓存就不会完整播放的时候触发。

canplaythrough 事件——浏览器在没有缓存就可以完整播放的时候触发。

ended 事件——视频播放结束的时候触发。

loadeddata 事件——视频的第一帧加载完成的时候触发。

pause 事件——视频播放暂停的时候触发。

play 事件——视频播放开始的时候触发。

playing 事件——视频暂停后开始播放的时候触发。

progress 事件——浏览器加载视频的时候不间断地触发。

timeupdate 事件——当视频的 currentTime 属性值改变的时候触发。

volumechange 事件——当视频的音量改变的时候触发。

图 7-5 和图 7-6 分别给出了针对以上基本事件使用的 HTML 和 JavaScript 示例代码。图 7-7 给出了图 7-5 和图 7-6 所示代码的效果图。

```html
<!DOCTYPE html>
<html lang="en">
<head>
    <meta charset="UTF-8">
    <meta name="viewport" content="width=device-width, initial-scale=1.0">
    <title>Video API Events</title>
    <link rel="icon" href="favicon.ico">
</head>
<body>
    <video src="zombies.mp4" controls></video>
    <script src="script.js"></script>
</body>
</html>
```

图 7-5　video API 中的基本事件 HTML 代码示例

```javascript
const video = document.querySelector('video');
video.addEventListener('canplay', () => {
    console.log("The event 'canplay' is fired!");
});
video.addEventListener('canplaythrough', () => {
    console.log("The event 'canplaythrough' is fired!");
});
video.addEventListener('ended', () => {
    console.log("The event 'ended' is fired!");
});
video.addEventListener('loadeddata', () => {
    console.log("The event 'loadeddata' is fired!");
});
video.addEventListener('pause', () => {
    console.log("The event 'pause' is fired!");
});
video.addEventListener('play', () => {
    console.log("The event 'play' is fired!");
});
video.addEventListener('playing', () => {
    console.log("The event 'playing' is fired!");
});
video.addEventListener('progress', () => {
    console.log("The event 'progress' is fired!");
});
video.addEventListener('timeupdate', () => {
    console.log("The event 'timeupdate' is fired!");
});
```

图 7-6　video API 中的基本事件 JavaScript 代码示例

图 7-7　video API 中的基本事件效果图

7.1.3　video API 程序示例

本节展示如何使用 video API 来实现一个个性化的视频播放器。

任务：使用 video API 的概念实现一个个性化的视频播放器，效果图如图 7-8 所示。

程序实现：该页面的 HTML 代码如图 7-9 所示，CSS 代码如图 7-10 所示，JavaScript 代码如图 7-11～图 7-13 所示。

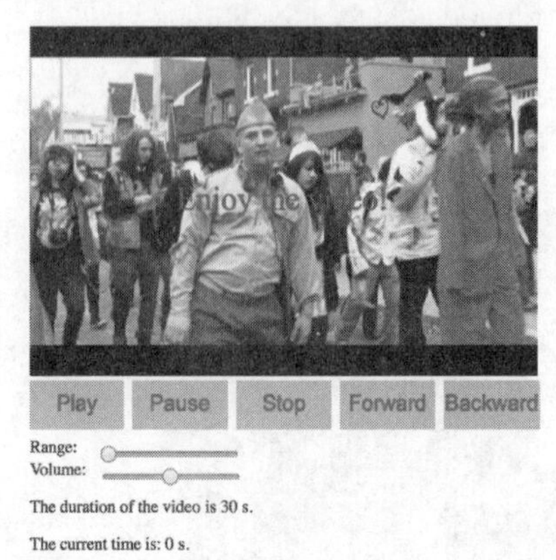

图 7-8 video API 实现的个性化播放器效果图

```html
<!DOCTYPE html>
<html lang="en">
<head>
    <meta charset="UTF-8">
    <title>video</title>
    <link rel="stylesheet" href="video.css">
</head>
<body>
    <video id="myVideo" width="480" height="320" poster="images/Zombies.jpg">
        <source src="video/Zombies.mp4">
        <track src="Zombies.vtt" default></track>
    </video>
    <canvas width="480" height="320"></canvas>
    <div class="container">
        <canvas width="90" height="45"></canvas> <canvas width="90" height="45"></canvas>
        <canvas width="90" height="45"></canvas> <canvas width="90" height="45"></canvas>
        <canvas width="90" height="45"></canvas>
    </div>
    <div class="controls">
        <label for="range">Range: </label>
        <input type="range" id="range" max="100" min="0" step="1" value = '0'>
        <br>
        <label for="volume">Volume: </label>
        <input type="range" id="volume" max="100" step="1">
    </div>
    <div class="show">
        <p>The duration of the video is <span></span> s.</p>
        <p>The current time is: <span>0</span> s.</p>
    </div>
    <script src="video.js"></script>
</body>
</html>
```

图 7-9 video API 实现的个性化播放器 HTML 代码示例

```
canvas {
    background-color: #ccc;
    margin-right: 4px;
}
input {
    position: relative;
    top: 9px;
    left: 10px;
}
input:first-of-type {
    left: 17px;
}
video {
    display: none;
}
```

图 7-10　video API 实现的个性化播放器 CSS 代码示例

```
(function () {
    var canvas = document.getElementsByTagName('canvas');
    var context = canvas[0].getContext('2d');
    var video = document.getElementById('myVideo');
    var input = document.getElementsByTagName('input');
    var span = document.getElementsByTagName('span');
    var text =  ['', 'Play', 'Pause', 'Stop', 'Forward', 'Backward'];
    var myFunc = [];
    myFunc[1] = function() {
        video.play();
    };
    myFunc[2] = function() {
        video.pause();
    };
    myFunc[3] = function() {
        video.currentTime = 0;
        video.pause();
    };
    myFunc[4] = function() {
        video.currentTime += 2;
    };
    myFunc[5] = function() {
        video.currentTime -= 2;
    };
```

图 7-11　video API 实现的个性化播放器 JavaScript 代码示例 1

```
for (var i = 1; i < canvas.length; i++) {
    var ctx = canvas[i].getContext('2d');

    ctx.font = '20px Arial';
    ctx.textAlign = 'center';
    ctx.textBaseline = 'middle';
    ctx.fillStyle = '#f00';
    ctx.fillText(text[i], 45, 22.5);

    canvas[i].addEventListener('click', myFunc[i]);
}
video.ontimeupdate = function() {
    input[0].value = this.currentTime / this.duration * 100;
    span[1].innerHTML = Math.floor(this.currentTime);
    setInterval(draw, 33);
};
input[0].onchange = function() {
    video.currentTime = video.duration * this.value / 100;
};
input[1].onchange = function() {
    video.volume = this.value / 100;
};
```

图 7-12 video API 实现的个性化播放器 JavaScript 代码示例 2

```
    video.onloadedmetadata = function() {
        span[0].innerHTML = Math.floor(this.duration);
        var img = new Image();
        img.src = 'images/Zombies.jpg';
        img.onload = function() {
            context.drawImage(img, 0, 0, 480, 320);
            context.font = "30px 'Times New Roman'";
            context.textAlign = 'center';
            context.textBaseline = 'middle';
            context.fillStyle = '#f00';
            context.fillText('Enjoy the video!', 240, 160);
        };
    };

    function draw () {
        context.drawImage(video, 0, 0, 480, 320);
    }

})();
```

图 7-13 video API 实现的个性化播放器 JavaScript 代码示例 3

7.2 audio API 的使用

和 video 一样，通过 audio 标签在 Web 上操作处理音频有两个途径：一是通过 audio 标签的具有各种不同功能的标签属性来实现；二是通过 audio 标签对应的具有各种不同功能的 API 方法在 JavaScript 中实现。

7.2.1 audio 标签的不同属性

audio 标签的常用属性为 autoplay、controls、crossorigin、loop、muted 和 src。下面逐一对这些常用属性进行讲解。

1. autoplay 属性

autoplay 为布尔型属性，如果该属性存在，那么音频将会在缓存允许播放的情况下自动播放。由于 autoplay 为布尔型属性，使用 autoplay="false"将不能阻止音频的自动播放，而必须去掉 autoplay 属性才能使音频不自动播放。

2. controls 属性

controls 也是布尔型属性。该属性可以显示具有控制按钮的操作界面的音频，如播放、音量、暂停、进度、下载等，如图 7-14 所示。

▶ 0:00 / 0:48

图 7-14 添加 controls 属性后的音频界面

3. crossorigin 属性

crossorigin 属性主要用来表示音频资源是否通过跨域的方式来获取，可以取值 anonymous 或者 use-credentials。

4. loop 属性

loop 属性是布尔型属性，用来指定音频是否循环播放。

5. muted 属性

muted 属性是布尔型属性，用来指定音频是否被静音。

6. src 属性

src 属性是 audio 标签最重要的属性，用来指定音频的 URL 地址。如果 audio 标签不提供该 src 属性，则需要使用 source 子元素来指定音频的 URL 地址。

7.2.2 audio API 的使用要点

audio API 的使用离不开 audio 相关的各种事件。常用的事件和 video 的常用事件类似，为 canplay、canplaythrough、ended、loadeddata、pause、play、playing、timeupdate、volumechange。我们注意到，audio API 并没有 progress 事件。这些事件的基本定义和 video 的事件类似，此处不再赘述。

7.2.3 audio API 程序示例

本节展示如何使用 audio API 来实现一个个性化的音频播放器。

任务：使用 audio API 的概念实现一个个性化的音频播放器，效果图如图 7-15 所示。

Play/Pause Stop Mute/Unmute Vol+ Vol-

图 7-15 audio API 实现的个性化播放器效果图

程序实现：该页面的HTML代码如图7-16所示，CSS代码如图7-17～图7-19所示，JavaScript代码如图7-20～图7-23所示。

```
<!DOCTYPE html>
<html lang="en">
<head>
    <meta charset="UTF-8"><meta name="viewport" content="width=device-width, initial-scale=1.0">
    <title>audio player</title>
    <link rel="stylesheet" href="audio.css">
</head>
<body>
    <div class="container">
        <audio id="audio" controls preload="metadata">
            <source src="news.mp3" type="audio/mp3">
        </audio>
        <div id="audio-controls" class="controls" data-state="hidden">
            <button id="playpause" type="button" data-state="play">Play/Pause</button>
            <button id="stop" type="button" data-state="stop">Stop</button>
            <div class="progress">
                <progress id="progress" value="0" min="0">
                    <span id="progress-bar"></span>
                </progress>
            </div>
            <button id="mute" type="button" data-state="mute">Mute/Unmute</button>
            <button id="volinc" type="button" data-state="volup">Vol+</button>
            <button id="voldec" type="button" data-state="voldown">Vol-</button>
        </div>
    </div>
    <script src="audio.js"></script>
</body>
</html>
```

图7-16　audio API实现的个性化播放器HTML代码示例

```
.container {
    width: 800px;
    margin: 30px auto;
}
.controls[data-state=hidden] {
    display: none;
}
.controls[data-state=visible] {
    display: block;
}
.controls>* {
    float: left;
    width: 110px;
    margin-left: 10px;
    display: block;
}
.controls>*:first-child {
    margin-left: 0;
}
.controls .progress {
    cursor: pointer;
    width: 180px;
}
```

图7-17　audio API实现的个性化播放器CSS代码示例1

```
.controls button {
    border: none;
    cursor: pointer;
    background: transparent;
    background-size: contain;
    background-repeat: no-repeat;
}
.controls button:hover,
.controls button:focus {
    opacity: 0.5;
}
.controls button[data-state="play"] {
    background-image: url('data:image/png;base64,iVBORw0KGgoAAAANSUhEUgAAACgAAAAoCAYAAACM/rhtAA
}
.controls button[data-state="pause"] {
    background-image: url('data:image/png;base64,iVBORw0KGgoAAAANSUhEUgAAACgAAAAoCAYAAACM/rhtAA
}
.controls button[data-state="stop"] {
    background-image: url('data:image/png;base64,iVBORw0KGgoAAAANSUhEUgAAACgAAAAoCAYAAACM/rhtAA
}
.controls button[data-state="mute"] {
    background-image: url('data:image/png;base64,iVBORw0KGgoAAAANSUhEUgAAACgAAAAoCAYAAACM/rhtAA
}
.controls button[data-state="unmute"] {
    background-image: url('data:image/png;base64,iVBORw0KGgoAAAANSUhEUgAAACgAAAAoCAYAAACM/rhtAA
}
```

图 7-18 audio API 实现的个性化播放器 CSS 代码示例 2

```
.controls button[data-state="volup"] {
    background-image: url('data:image/png;base64,iVBORw0KGgoAAAANSUhEUgAAACgA
}
.controls button[data-state="voldown"] {
    background-image: url('data:image/png;base64,iVBORw0KGgoAAAANSUhEUgAAACgA
}
.controls progress {
    display: block;
    border: none;
    border-radius: 2px;
}
.controls progress span {
    width: 0%;
    height: 100%;
    display: inline-block;
    background-color: #2a84cd;
}
.controls progress::-moz-progress-bar {
    background-color: #0095dd;
}
.controls progress::-webkit-progress-value {
    background-color: #0095dd;
}
```

图 7-19 audio API 实现的个性化播放器 CSS 代码示例 3

```
const audioControls = document.getElementById('audio-controls');
const audio = document.getElementById('audio');
const playpause = document.getElementById('playpause');
const stop = document.getElementById('stop');
const mute = document.getElementById('mute');
const volinc = document.getElementById('volinc');
const voldec = document.getElementById('voldec');
const progress = document.getElementById('progress');
const progressBar = document.getElementById('progress-bar');
/* hide the default controls */
audio.controls = false;
/* Display the user defined audio controls */
audioControls.setAttribute('data-state', 'visible');
/* play/pause and mute */
var changeButtonState = function (type) {
    // Play/Pause button
    if (type == 'playpause') {
        if (audio.paused || audio.ended) {
            playpause.setAttribute('data-state', 'play');
        } else {
            playpause.setAttribute('data-state', 'pause');
        }
    }
    // Mute button
    else if (type == 'mute') {
        mute.setAttribute('data-state', audio.muted ? 'unmute' : 'mute');
    }
}
```

图 7-20 audio API 实现的个性化播放器 JavaScript 代码示例 1

```
audio.addEventListener('play', function () {
    changeButtonState('playpause');
}, false);
audio.addEventListener('pause', function () {
    changeButtonState('playpause');
}, false);
stop.addEventListener('click', function (e) {
    audio.pause();
    audio.currentTime = 0;
    progress.value = 0;
    // Update the play/pause button's 'data-state' which allows the correct button image to be set via CSS
    changeButtonState('playpause');
});
mute.addEventListener('click', function (e) {
    audio.muted = !audio.muted;
    changeButtonState('mute');
});
playpause.addEventListener('click', function (e) {
    if (audio.paused || audio.ended) audio.play();
    else audio.pause();
});
```

图 7-21 audio API 实现的个性化播放器 JavaScript 代码示例 2

```
/* volume */
const checkVolume = function (dir) {
    if (dir) {
        var currentVolume = Math.floor(audio.volume * 10) / 10;
        if (dir === '+') {
            if (currentVolume < 1) audio.volume += 0.1;
        } else if (dir === '-') {
            if (currentVolume > 0) audio.volume -= 0.1;
        }
        // If the volume has been turned off, also set it as muted
        // Note: can only do this with the custom control set as when the 'volumechange' event is raised
        if (currentVolume <= 0) audio.muted = true;
        else audio.muted = false;
    }
    changeButtonState('mute');
}
const alterVolume = function (dir) {
    checkVolume(dir);
}
audio.addEventListener('volumechange', function () {
    checkVolume();
}, false);
```

图 7-22 audio API 实现的个性化播放器 JavaScript 代码示例 3

```
volinc.addEventListener('click', function (e) {
    alterVolume('+');
});
voldec.addEventListener('click', function (e) {
    alterVolume('-');
});

/* progress bar */
progress.addEventListener('click', function (e) {
    var pos = (e.pageX - (this.offsetLeft + this.offsetParent.offsetLeft)) / this.offsetWidth;
    audio.currentTime = pos * audio.duration;
});

/* As the video is playing, update the progress bar */
audio.addEventListener('timeupdate', function () {
    // For mobile browsers, ensure that the progress element's max attribute is set
    if (!progress.getAttribute('max')) progress.setAttribute('max', audio.duration);
    progress.value = audio.currentTime;
    progressBar.style.width = Math.floor((audio.currentTime / audio.duration) * 100) + '%';
});
```

图 7-23 audio API 实现的个性化播放器 JavaScript 代码示例 4

本章小结

本章介绍了 HTML5 中的 video API 和 audio API[7]，重点讲解了 video API 和 audio API 中的标签属性和不同事件及方法的使用。在实例部分，使用 video API 和 audio API 完成了个性化的视频播放器和音频播放器的代码实现。

本章主要介绍了如下内容：

（1）Web上video和audio的基本概念。

（2）如何使用video API和audio API中的标签属性和不同事件。

（3）如何使用video API和audio API来创建个性化的视频播放器和音频播放器。

思考题

（1）使用video API时如何实现视频的循环播放？

（2）在使用audio API时如何同时添加不同格式的音频文件？

（3）请使用video API和audio API来创建你自己的个性化的视频播放器和音频播放器。

第8章 HTML5 之 Web Storage

CHAPTER 8

微课视频 8

在 Web 平台上编程会存在信息存储的需要，特别是在 Progressive Web Application (PWA)类应用中[8]。除了在后端进行存储外，Web 技术的发展使得在前端也可以进行信息的存储。这种存储可以是暂时的也可以是永久的。HTML5 中的 WebStorage API 就提供了这种以键值对的形式存储信息的技术。

在 Web Storage API 出现之前，通常在前端采用 cookie 来存储信息。图 8-1 给出了采用 cookie 来读写信息的代码示例。

```
/* get the cookie value and convert to object */
function get_cookie()
{
  const arr = document.cookie.split(';');
  const result = {};
  arr.forEach(item => {
      data = item.split('=');
      result[data[0]] = data[1];
  })
  return result;
}

/* write object value to the cookie */
function set_cookie(obj)
{
  const time = new Date();
  time.setDate(time.getDate() + 1);
  for(const key in obj) {
    document.cookie = `${key}=${obj[key]};expires=${time}`;
  }
}
```

图 8-1　采用 cookie 来读写信息的程序示例

采用 cookie 在 Web 前端存储信息具有一些缺点，例如，cookie 保存的信息必须是字符串的形式，并且具有固定的格式，这使得读取 cookie 所存储的信息时必须对信息进行复杂的字符串处理。另外，cookie 保存的信息容量大小有限制，通常为 5MB。为了避免这些缺点，Web Storage API 技术提供了更好的前端存储解决方案。

本章将重点详细讲解如何通过 Web Storage API 中的 sessionStorage、localStorage 和 indexedDB 来实现 Web 前端的信息存储。

本章首先介绍 Web Storage API 的概念与分类，然后介绍如何使用 sessionStorage 和 localStorage，最后讲解 indexedDB 的使用。所有内容都将结合实例进行示范讲解。本章应重点掌握以下要点：

(1) Web Storage 的概念与分类；

(2) sessionStorage 和 localStorage 的使用方法；

(3) 使用 indexedDB 解决实际问题的方法。

8.1 Web Storage 的概念与分类

浏览器中的 Web Storage 对象是以键值对的形式作为存储载体的。这里的键和值都是字符串的形式。可以通过 Web Storage 中的 API 方法来读和写 Web Storage 对象。Web Storage API 的这种键值对操作方式比传统的 cookie 字符串操作方式更加直观和方便，也更加容易和 JSON 数据格式进行相互操作。

8.1.1 Web Storage 的概念

Web Storage 有两种工作机制：sessionStorage 为每一个给定的源维持一个独立的存储区域，该存储区域所在的页面会话，也就是 session，session 的时长就是 sessionStorage 的存在时间。换句话说，只要浏览器页面处于打开状态，该存储就一直有效；与此相对的 localStorage 是另一种工作机制，在这种情况下，存储将被写入本地硬盘。即使浏览器关闭，再次打开浏览器后存储的数据仍然存在。

可以通过如图 8-2 所示代码检测浏览器是否支持 sessionStorage 和 localStorage。

```
if(sessionStorage) {
    console.log("sessionStorage is supported.");
} else if(localStorage) {
    console.log("localStorage is supported.");
} else {
    console.log("Neither of sessionStorage and localStorage is supported.");
}
```

图 8-2 检测浏览器是否支持 sessionStorage 和 localStorage 的代码示例

8.1.2 Web Storage 的分类

浏览器端用来存储数据的浏览器 API 主要包括 sessionStorage、localStorage 和 indexedDB。其中，sessionStorage 和 localStorage 主要用来存储简单的字符串或者由 JavaScript 对象经过 JSON 处理后的字符串。而 indexedDB 则是浏览器端可以进行复杂增、删、查、改操作，具有完备功能的 NoSQL 类型的事务型数据库系统。

由于 sessionStorage 和 localStorage 的唯一区别就是所存储数据是否在浏览器关闭后仍然存在，所以这里将其归为一类。下面主要就 localStorage 和 indexedDB 的区别进行阐述。

首先，localStorage 和 indexedDB 的 API 功能的复杂度不同。localStorage 的 API 功能比较单一，只是数据的读写。而 indexedDB 的 API 功能相对来说比较复杂，包括增、删、查、改等，如图 8-3 和图 8-4 所示。

```
/* localStorage */

/* 写数据，如果是非字符串，则用JSON.stringify()转为字符串 */
const myObject = {a: 1, b: 2};
localStorage.obj1 = JSON.stringify(myObject); //write
localStorage.setItem('obj2', JSON.stringify(myObject)); //write

/* 读数据，如果目标数据是非字符串，则用JSON.parse()转为字符串 */
const obj1 = localStorage.obj1; //read

const obj2 = localStorage.getItem('obj2'); //read

console.log(obj1 === obj2); //输出应该为 true

const obj1_target = JSON.parse(obj1); //获取目标数据
```

图 8-3 localStorage 中的常用 API 代码示例

```
/* indexedDB */

/* Create database */
indexedDB.open('stulist', 1); //打开数据库stulist，没有则创建，版本号为1

/* Create store (like a table in SQL) */
db.createObjectStore('gradeOne', {keyPath: 'id'}); //创建表gradeOne，key是id

/* add */
Store.add({id: 1, name: 'xiaoming'})

/* delete */
Store.delete('1') //通过key值来删除记录

/* query */
Store.get('1')//通过key值来读取记录

/* modify */
Store.put({id: 1, name: 'xiaohong'})//通过key值来更新记录
```

图 8-4 indexedDB 中的常用 API 代码示例

在 localStorage 中，如果目标数据是非字符串的形式，那么在写数据时要先用 JSON. stringify 转为字符串的形式再进行存储，在读数据时要先用 JSON. parse 转为目标对象数据再进行使用。

indexedDB 面向的是离线类应用，其基本工作流程如下：

(1) 创建或者打开数据库，该操作返回一个结果对象。该结果对象将可以监听 3 种事

件：成功、错误、更新。在成功的事件发生后，可以对数据库进行各种增、删、查、改操作。在错误的事件发生后，数据库打开失败。在更新的事件发生后，也可以对数据库进行各种增、删、查、改操作，而且该数据库的版本号也可以更新。示例代码如图 8-5 所示。

```
let request = indexedDB.open("store", 1);

request.onupgradeneeded = function() {
  // 如果数据库不存在或版本号不一致时触发
};

request.onerror = function() {
  // 如果数据库打开出现错误时触发
};

request.onsuccess = function() {
  let db = request.result;
  // 打开数据库成功，可以对打开对象的结果进行操作
};
```

图 8-5　打开 indexedDB 数据库时的各种事件代码示例

(2) 创建或者打开对象仓库，该操作返回一个结果对象。这里的数据仓库类似于 SQL 类型数据库中的表。将数据写入对象仓库时，每个数据必须具有唯一的键，该键将可以被用来进行查询、删除和更新数据的值。示例代码如图 8-6 所示。

```
let request = indexedDB.open("db", 2);

// create/upgrade the database without version checks
request.onupgradeneeded = function() {
  let db = request.result;
  if (!db.objectStoreNames.contains('students')) { // 没有 "students" 数据仓库则创建它
    db.createObjectStore('students', {keyPath: 'id'}); //
  }
};

db.deleteObjectStore('students'); // 删除数据仓库
```

图 8-6　创建和删除 indexedDB 数据仓库的代码示例

(3) 开启事务。跟很多其他类型的数据库类似，indexedDB 对数据的操作也是基于事务的。所谓事务，就是指一组操作的集合，该组操作只能整体成功或整体失败，不存在部分成功或部分失败的情况。基于事务的数据库操作，确保了数据的完整性与可控性。indexedDB 中对数据的具体操作必须以开启一个事务开始。开启的事务有两种类型：只读或者可读写。这两种事务类型的操作区别是：可以同时开启多个只读类型的事务，但是在某一时刻只能有一个读写类型的事务。示例代码如图 8-7 所示。

```
db.transaction(store, 'readonly'); //开启事务，类型可以为'readonly' 或 'readwrite'
```

图 8-7　indexedDB 中开启事务操作的代码示例

(4) 开启事务后对数据进行增、删、查、改。开启事务后就可以对数据进行增、删、查、改了。基本流程为：开启事务、使用 transaction. objectStore 方法获取数据仓库，对数据仓库进行增、删、查、改。示例代码如图 8-8 所示。

```
let transaction = db.transaction("students", "readwrite"); // step 1

// get an object store to operate on it
let students = transaction.objectStore("students"); // step 2

let student = {
  id: '1',
  name: 'xiaoming',
  age: 21
};

let request = students.add(student); // step 3

request.onsuccess = function() { // step 4
  console.log("Student added to the store", request.result);
};

request.onerror = function() {
  console.log("Error", request.error);
};
```

图 8-8 indexedDB 中开启事务后进行添加操作的代码示例

其次，localStorage 是以同步方式工作的，而 indexedDB 总是异步工作的。代码示例如图 8-9 所示。

```
/* localStorage的同步工作方式 */

localStorage.name = 'xiaoming'

/* indexedDB的异步工作方式 */

request.onupgradeneeded = function() {
    db = this.result;
    var store = db.createObjectStore("gradeOne", {keyPath: "id"});
    store.createIndex("id", "id", {unique: true});
    store.createIndex("name", "name", {unique: false});
    store.createIndex("score", "score", {unique: false});
}
```

图 8-9 localStorage 和 indexedDB 工作方式的代码比较

最后，localStorage 只能存储字符串类型的数据，而 indexedDB 能存储的数据类型种类更多，例如对象。在存储容量上，indexedDB 也比 localStorage 具有更大的容量。毕竟，indexedDB 是前端一个较完备的数据库系统，而 localStorage 只是一个较简单的键值存储空间。

8.2 localStorage 的程序示例

本节展示如何使用 localStorage 来实现一个具有防数据丢失功能的输入框。

任务：使用 localStorage 来实现一个具有防数据丢失功能的输入框。具体要求为：当在输入数据过程中，浏览器关掉后，再次打开浏览器，之前输入的内容依然存在，可以在上次输入内容的地方继续输入。效果图如图 8-10 所示。

please input comments:

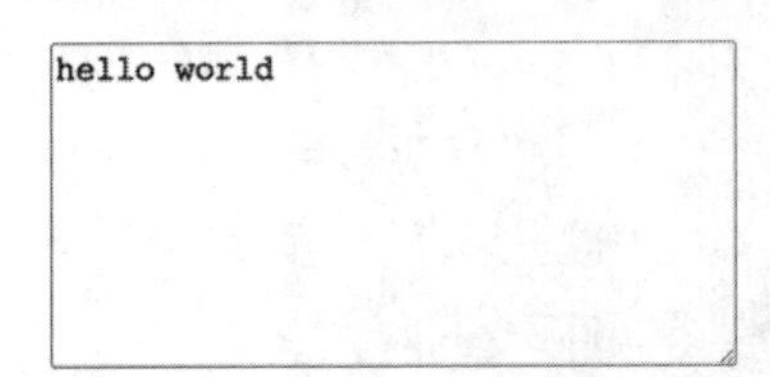

图 8-10　防数据丢失功能的输入框效果图

程序实现：该页面的 HTML 代码如图 8-11 所示，JavaScript 代码如图 8-12 所示，CSS 代码如图 8-13 所示。

```html
<!DOCTYPE html>
<html lang="en">
<head>
    <meta charset="UTF-8">
    <title> loss proof input</title>
    <link rel="stylesheet" href="style.css">
</head>
<body>
    <div class="container">
        <label for="txt">please input comments:</label>
        <br>
        <br>
        <textarea name="" id="" cols="30" rows="10"></textarea>
    </div>
    <script src="test.js"></script>
</body>
</html>
```

图 8-11　防数据丢失功能的输入框 HTML 代码示例

```javascript
window.onload = function() {
  var txt = document.getElementsByTagName("textarea")[0];
    if(localStorage.txt) {
        txt.value = localStorage.txt;
    }
    txt.onfocus = function() {
      interval = setInterval(function() {
            localStorage.txt = txt.value;
        },5000);
    };
    txt.onblur = function() {
      clearInterval(interval);
    };
};
```

图 8-12　防数据丢失功能的输入框 JavaScript 代码示例

```css
.container {
    width: 400px;
    margin: 20px auto;
    font-size: 1.5rem;
}
textarea {
    width: 100%;
    font-size: 1.5rem;
}
```

图 8-13　防数据丢失功能的输入框 CSS 代码示例

8.3　indexedDB 程序示例

本节展示如何使用 indexedDB 来实现一个具有增、删、查、改功能的确认学生信息数据库。

任务：该数据库包括学生的 ID、姓名、分数。可以对学生的信息进行增、删、查、改，实现界面效果图如图 8-14 所示。

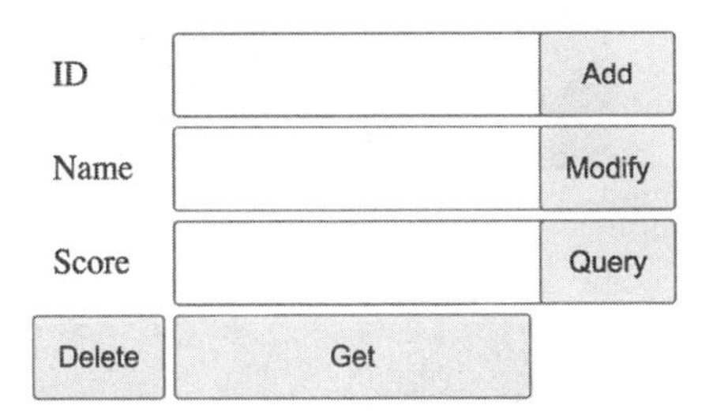

图 8-14　indexedDB 的页面效果图

程序实现：该页面的 HTML 代码如图 8-15 所示，CSS 代码如图 8-16 所示，JavaScript 代码如图 8-17～图 8-20 所示。

```
<!DOCTYPE html>
<html lang="en">
<head>
    <meta charset="UTF-8">
    <title>student database</title>
    <link rel="stylesheet" href="style.css">
</head>
<body>
   <div>
       <table>
           <tr>
               <td><label for="id">ID</label></td>
               <td><input type="text" id="id"></td>
               <td><button>Add</button></td>
           </tr>
           <tr>
               <td><label for="name">Name</label></td>
               <td><input type="text" id="name"></td>
               <td><button>Modify</button></td>
           </tr>
           <tr>
               <td><label for="score">Score</label></td>
               <td><input type="text" id="score"></td>
               <td><button>Query</button></td>
           </tr>
           <tr>
               <td><button>Delete</button></td>
               <td><button>Get</button></td>
               <td></td>
           </tr>
       </table>
   </div>
    <script src="test.js"></script>
</body>
</html>
```

图 8-15　indexedDB 的 HTML 代码示例

```
div {
    width: 400px;
    margin: 50px auto;
}
label,input,button {
    width: 100%;
    padding: 10px;
}
p {
    width: 200px;
    margin: auto;
}
```

图 8-16　indexedDB 的 CSS 代码示例

```
window.onload = function() {
  var input = document.getElementsByTagName("input");
    var button = document.getElementsByTagName("button");

    var request = indexedDB.open("stulist", 1);
    var db;
    request.onupgradeneeded = function() {
        db = this.result;
        var store = db.createObjectStore("software", {keyPath: "id"});
        store.createIndex("id", "id", {unique: true});
        store.createIndex("name", "name", {unique: false});
        store.createIndex("score", "score", {unique: false});
    };
```

图 8-17　indexedDB 的 JavaScript 代码示例 1

```
request.onsuccess = function() {
    db = this.result;
    button[0].onclick = function() {
    var transaction = db.transaction(["software"], "readwrite");
    var store = transaction.objectStore("software");
    store.add({id: parseInt(input[0].value), name:input[1].value,score:parseInt(input[2].value)});
    };

    button[1].onclick = function() {
    var transaction = db.transaction(["software"], "readwrite");
    var store = transaction.objectStore("software");
    store.put({id: parseInt(input[0].value), name:input[1].value,score:parseInt(input[2].value)});
    }

    button[3].onclick = function() {
          var transaction = db.transaction(["software"], "readwrite");
    var store = transaction.objectStore("software");
    store.delete(parseInt(input[0].value));
    };
```

图 8-18　indexedDB 的 JavaScript 代码示例 2

```
button[2].onclick = function() {
  var transaction = db.transaction(["software"], "readwrite");
  var store = transaction.objectStore("software");
  var index = store.index("name");
  var req = index.openCursor();
  req.onsuccess = function() {
    var cursor = this.result;
      if(cursor) {
          var p = document.createElement("p");
          document.body.appendChild(p);
          p.innerHTML = "the result is " +cursor.value.id + " "
          + cursor.value.name + " " + cursor.value.score;
          cursor.continue();
      }
  };
};
```

图 8-19 indexedDB 的 JavaScript 代码示例 3

```
button[4].onclick = function() {
    var transaction = db.transaction(["software"], "readwrite");
var store = transaction.objectStore("software");
    var req = store.get(parseInt(input[0].value));

    req.onsuccess = function() {
        var p = document.createElement("p");
        document.body.appendChild(p);
        p.innerHTML = "the result is " +this.result.id + " " + this.result.name
         + " " + this.result.score;
    };
  };
 };
};
```

图 8-20 indexedDB 的 JavaScript 代码示例 4

本章小结

本章介绍了 HTML5 中的用来存储数据的 Web Storage API,重点讲解了 localStorage API 和 indexedDB API 中的常用方法和事件的使用。在实例部分,使用 localStorage API 和 indexedDB API 完成了防数据丢失输入框和学生信息数据库的代码实现。

本章主要介绍了如下内容:

(1) Web 前端存储数据的基本概念和不同方法。

(2) 如何使用 localStorage API 和 indexedDB API 中的常用方法和不同事件。

(3) 如何使用 localStorage API 和 indexedDB API 来实现防数据丢失输入框和学生信息数据库。

思考题

(1) localStorage 和 cookie 在存储数据方面有什么异同?

(2) 如何使用 localStorage 来保存 JavaScript 对象类型的数据?

(3) 如何使用 indexedDB API 来实现数据的增、删、查、改?

第9章 HTML5之drag & drop

CHAPTER 9

微课视频9

通过非键盘类工具(例如鼠标或触控板)来操作计算机是人们与计算机交互的主要途径。在Web界面上通过鼠标的拖曳来进行各种操作,例如移动、复制、删除等操作是一种重要的Web应用需求。HTML5中的拖曳API drag & drop提供了实现这些功能的可编程接口[9]。

在Web游戏中,拖曳甚至成了一种最主要的游戏操作方式。图9-1给出了采用拖曳操作的非常著名的数独游戏的界面。

5						3		
	9		5			4		
		4				7		
	5	1		3	7	2	8	9
3		2		8		6		4
		8		5	2	1	3	7
	3	5				9		
6		9				8	2	3
	8			2	3			6

图9-1　数独游戏的界面示例

drag & drop API主要包括常用的拖曳事件。

本章将重点详细讲解如何通过drag & drop API来实现各种操作实例。

本章将首先介绍drag & drop API的基本概念,然后通过程序实例介绍如何使用drag & drop API,特别是dataTransfer对象的使用方法。所有内容都将结合实例进行示范讲解。本章应重点掌握以下要点:

(1) drag & drop的概念与工作原理;

(2) drag & drop API的使用方法;

(3) 使用drag & drop API完成拼图游戏。

9.1 drag & drop的基本概念

drag & drop是指当一系列drag & drop事件触发时,可以使用JavaScript来进行所需要的任何可实现的操作。

9.1.1 drag & drop的原理和过程

首先,当拖动一个页面元素时,要确保该元素是可拖动的,这可以通过拖动元素的

draggable 属性来获取，一般默认可拖动的元素有选中的文本、图片和超链接。如果该元素是默认不可拖动的，那么要通过设置元素的 draggable 属性为 true 来实现。其次，当拖动一个页面元素到目标区域时，要确保该目标区域是可以释放拖动元素的，这可以通过目标区域的 droppable 属性来获取。实现一个非默认可拖动元素进行拖动和释放的效果图如图 9-2 和图 9-3 所示，示例代码如图 9-4～图 9-6 所示。

图 9-2　元素拖动前效果图

图 9-3　元素拖动后效果图

```html
<!DOCTYPE html>
<html lang="en">
<head>
    <meta charset="UTF-8">
    <meta name="viewport" content="width=device-width, initial-scale=1.0">
    <title>drag & drop</title>
    <link rel="stylesheet" href="style.css">
</head>
<body>
    <div id="source" draggable="true"></div>
    <div id="target"></div>
    <script src="script.js"></script>
</body>
</html>
```

图 9-4　元素拖动释放 HTML 代码示例

```css
div {
    position: absolute;
}
#source {
    background-color: #f00;
    width: 100px;
    height: 100px;
    top: 0;
    left: 0;
}
#target {
    background-color: #00f;
    width: 200px;
    height: 200px;
    top: 150px;
    left: 150px;
}
```

图 9-5　元素拖动释放 CSS 代码示例

```javascript
const source = document.getElementById('source');
const target = document.getElementById('target');
target.ondragenter = () => {
    target.appendChild(source);
}
```

图 9-6　元素拖动释放 JavaScript 代码示例

9.1.2 drag & drop 的基本用法

除了可以给页面元素添加 draggable 和 droppable 属性来改变页面元素是否可以拖动和释放外，drag & drop 的核心工作机制是 drag & drop 事件。掌握这些 drag & drop 事件将可以灵活操作可以拖动元素，实现各种拖动效果。这些 drag & drop 事件主要为：

（1）dragstart——该事件在用户拖动页面元素时触发，dragstart 事件加在被拖动元素上。代码示例如图 9-7 所示。

```
source.ondragstart = () => console.log('drag started.');
```

图 9-7　dragstart 触发的代码示例

（2）dragenter——该事件在用户拖动页面元素到目标区域时触发，dragenter 事件加在拖动目标元素上。代码示例如图 9-8 所示。

```
target.ondragenter = () => console.log('dragenter triggered.');
```

图 9-8　dragenter 触发的代码示例

（3）dragover——该事件在用户拖动页面元素到目标区域时触发，和 dragenter 事件类似，dragenter 事件加在拖动目标元素上，只是触发的时间顺序不同。该事件在 dragenter 事件后触发，且如果源元素在目标元素上时将会一直触发。代码示例如图 9-9 所示，效果如图 9-10 所示。

```
target.ondragover = () => console.log('dragover triggered.');
```

图 9-9　dragover 触发的代码示例

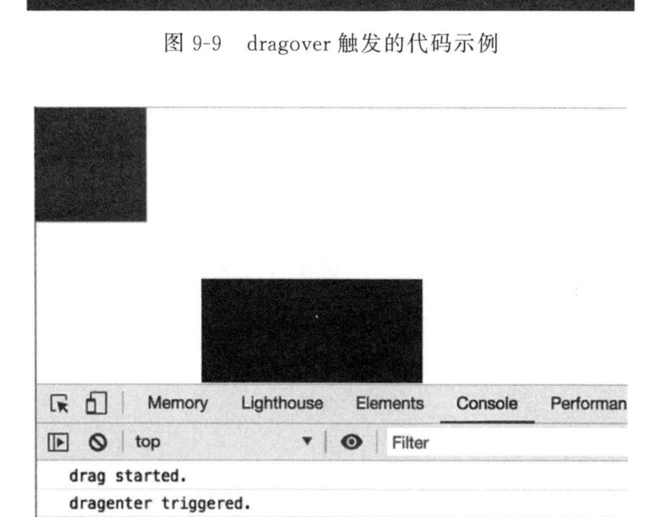

图 9-10　dragover 触发的效果示例

（4）dragleave——该事件在用户拖动页面元素离开目标区域时触发，dragleave 事件加在目标元素上。代码示例如图 9-11 所示，效果如图 9-12 所示。

```
target.ondragleave = () ⇒ console.log('dragleave triggered.');
```

图 9-11　dragleave 触发的代码示例

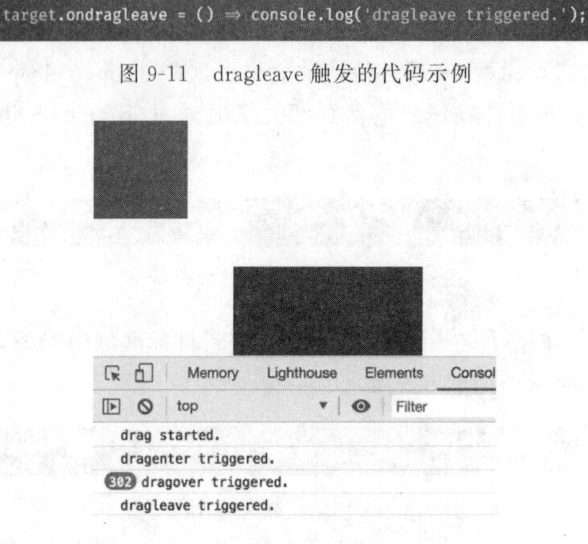

图 9-12　dragleave 触发的效果示例

（5）drag——该事件在用户拖动页面元素时触发，drag 事件加在被拖动元素上，且在拖动时不断触发。代码示例如图 9-13 所示，效果如图 9-14 所示。

```
source.ondrag = () ⇒ console.log('drag triggered.');
```

图 9-13　drag 触发的代码示例

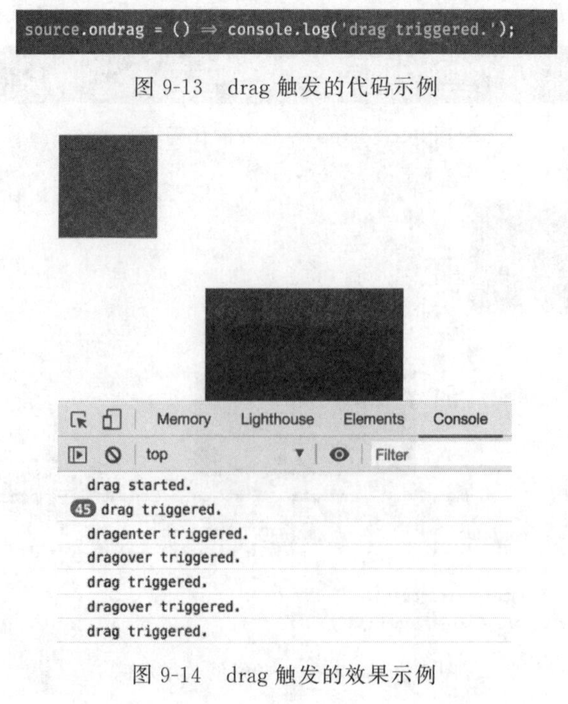

图 9-14　drag 触发的效果示例

（6）drop——该事件在用户拖动页面元素后在目标元素后上释放时触发，drop 事件加在目标元素上。使用 drop 事件时要注意，需要首先将 drop 事件的前一个事件 dragover 的浏览器默认操作禁止，才可以触发 drop 操作。代码示例如图 9-15 所示，效果如图 9-16 所示。

```
target.ondragover = (e) ⇒ {
    e.preventDefault();
    console.log('dragover triggered.');
};
target.ondrop= () ⇒ console.log('drop triggered.');
```

图 9-15　drop 触发的代码示例

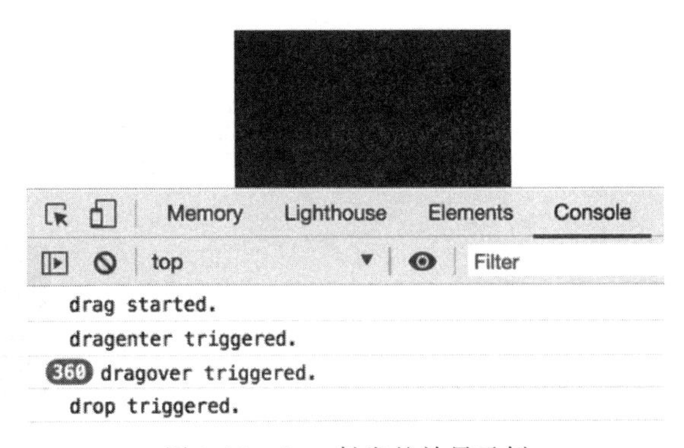

图 9-16　drop 触发的效果示例

（7）dragend——该事件在用户拖动页面元素后释放时触发，dragend 事件加在被拖动元素上。使用 dragend 事件时，不是必须要在目标元素上释放被拖动元素时才触发，而是在任何时候释放被拖动元素时就会触发。代码示例如图 9-17 所示，效果如图 9-18 所示。

在 drag & drop 的各种事件触发过程中，默认的事件对象有一个特殊的对象属性，称为 dataTransfer。dataTransfer 对象可以用来在 drag & drop 过程中保存数据，提供不同的属性来传递信息等。dataTransfer 不同的属性如下：

（1）dropEffect——这个属性值是可读可写的，指定了当前操作的类型，可取的值为 none、copy、link、move。示例代码如图 9-19 所示，效果如图 9-20 所示。

（2）effectAllowed——这个属性值是可读可写的，指定了当前可被允许的操作类型，可取的值为 none、copy、copyLink、copyMove、link、linkMove、move、all 和 uninitialized。在没有给定赋值的情况下，该属性的值为 uninitialized。示例代码如图 9-21 所示，效果如图 9-22 所示。

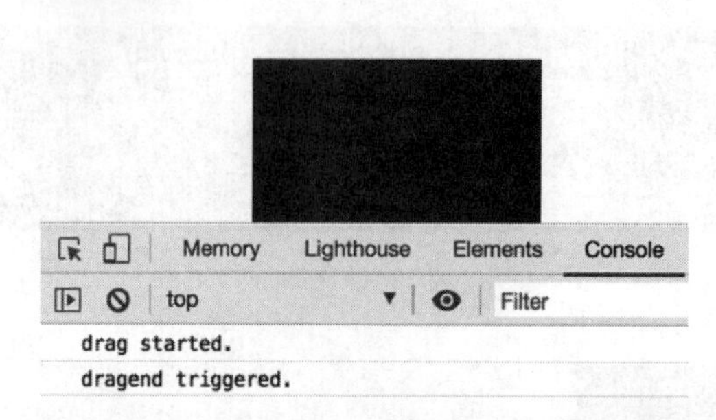

图 9-17　dragend 触发的代码示例

```
source.ondragend = () => console.log('dragend triggered.');
```

图 9-18　dragend 触发的效果示例

```
target.ondragenter = () => console.log('dragenter triggered.');
target.ondragover = (e) => {
    e.preventDefault();
};

source.ondragstart = (e) => {
    console.log(e.dataTransfer.dropEffect);// none
}
source.ondragend = (e) => {
    console.log(e.dataTransfer.dropEffect);// move
}
```

图 9-19　dropEffect 属性代码示例

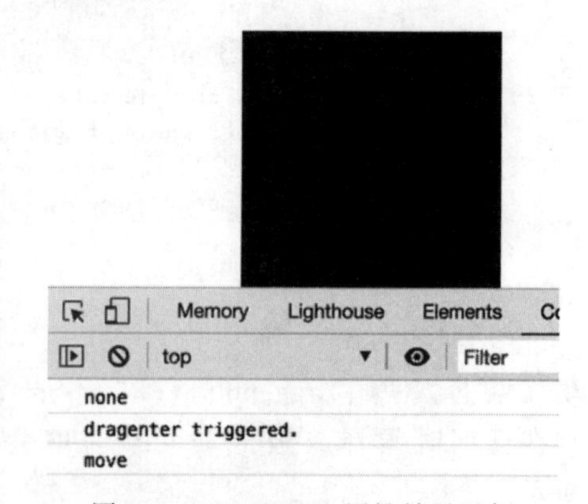

图 9-20　dropEffect 属性效果示例

```
target.ondragenter = () => console.log('dragenter triggered.');
target.ondragover = (e) => {
    e.preventDefault();
};

source.ondragstart = (e) => {
    console.log(e.dataTransfer.effectAllowed);
}
source.ondragend = (e) => {
    console.log(e.dataTransfer.effectAllowed);
}
```

图 9-21　effectAllowed 属性代码示例

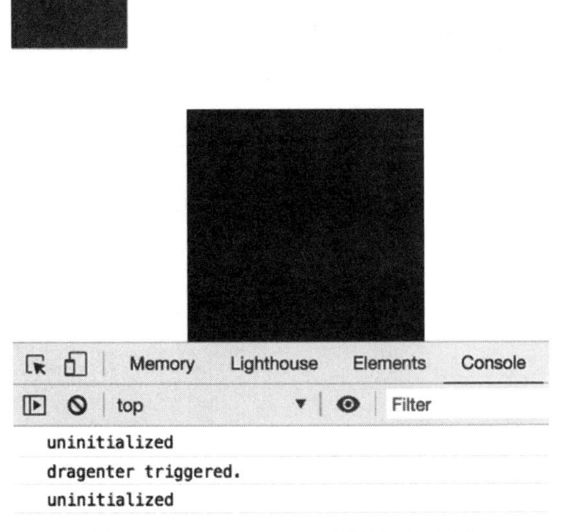

图 9-22　effectAllowed 属性效果示例

(3) setData——这是一个可以存储数据的方法。通过这个方法,可以保存任何类型数据。该方法有两个参数:第一个是要保存的数据类型,类似于 localStorage 中的键;第二个是要保存的数据,类似于 localStorage 中的值。

(4) getData——这是一个可以读取存储数据的方法。通过这个方法,可以读取已经保存的数据。该方法有一个参数,为要读取的数据类型,类似于 localStorage 中的键。

(5) clearData——这是一个可以清除存储数据的方法。通过这个方法,可以清除保存的数据。该方法有一个参数,为要清除的数据类型。该方法只能用在 dragstart 事件中。

clearData、setData 和 getData 结合起来使用就可以对数据进行类似于增、删、查、改的操作。这里需要注意的是,setData 和 getData 完成的是 dragstart 和 drop 事件之间的数据传递,而不是其他事件之间的数据传递。示例代码如图 9-23 所示,效果如图 9-24 所示。

```
source.ondragstart = (e) => {
    console.log('clearing data...');
    e.dataTransfer.clearData(); // 清除已有数据
    console.log('setting data...');
    e.dataTransfer.setData('name', JSON.stringify({name: 'xiaoming'})); //写入数据到键name
}

target.ondragover = (e) => {
    e.preventDefault();
};

target.ondrop = (e) => {
    console.log('getting data...');
    data = JSON.parse(e.dataTransfer.getData('name')); //读取键为name的数据
    console.log(data.name);
}
```

图 9-23　drag 和 drop 间数据传递代码示例

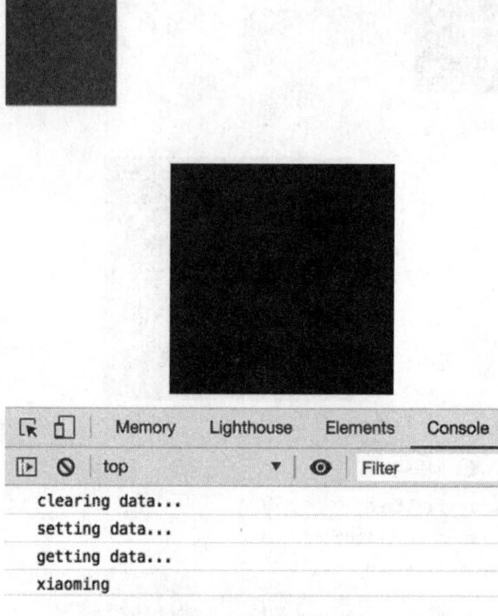

图 9-24　drag 和 drop 间数据传递效果示例

9.2　drag & drop 的程序实例

本节展示如何使用 drag & drop 来实现一个简单的拼图游戏，该实现方法可以很容易地扩展到其他各种拼图游戏中。

任务：使用 drag & drop 来实现一个简单的拼图游戏。具体要求为：拖动如图 9-25 所示中区域 A 的不同图片到区域 B 中，组合成类似于区域 C 中的图片。

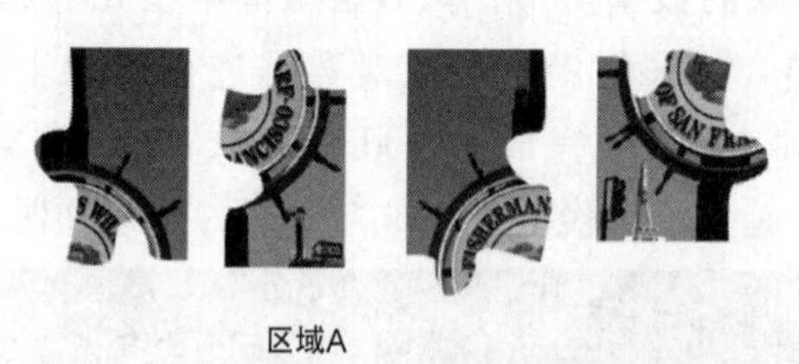

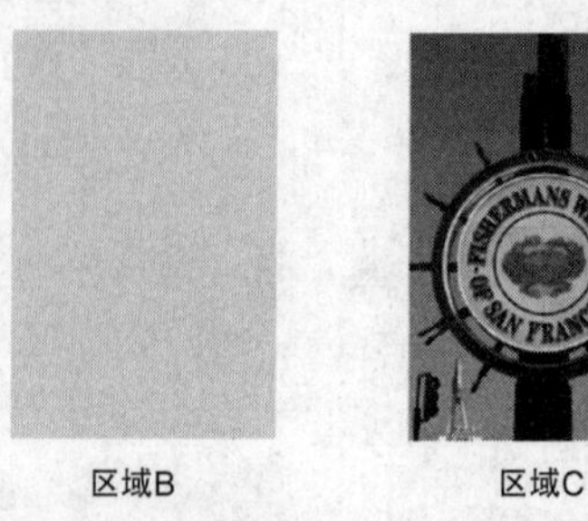

图 9-25　拼图游戏效果示意图

程序实现：该页面的 HTML 代码如图 9-26 所示，CSS 代码如图 9-27 和图 9-28 所示，JavaScript 代码如图 9-29 所示。

```
<!DOCTYPE html>
<html lang="en">
<head>
    <meta charset="UTF-8">
    <title>drag and drop</title>
    <link rel="stylesheet" href="style.css">
</head>
<body>
    <div id="source">
        <div id="parent">
            <div id="child1"><img src="images/pic1.png" alt="pic1" id="img1"></div>
            <div id="child2"><img src="images/pic2.png" alt="pic2" id="img2"></div>
            <div id="child3"><img src="images/pic3.png" alt="pic3" id="img3"></div>
            <div id="child4"><img src="images/pic4.png" alt="pic4" id="img4"></div>
        </div>
        <p id="a">区域A</p>
    </div>
    <div id="target">
        <div id="destination">
            <div id="des1"></div>
            <div id="des2"></div>
            <div id="des3"></div>
            <div id="des4"></div>
        </div>
        <p id="b">区域B</p>
    </div>
    <div id="ref">
        <img src="images/pic.jpg" alt="ref_pic">
        <p id="c">区域C</p>
    </div>
    <script src="test.js"></script>
</body>
</html>
```

图 9-26　拼图游戏 HTML 代码示例

```
p {
    padding-left: 200px;
}
p#b {
    padding-left: 470px;
}
p#c {
    padding-left: 70px;
}
#source {
    margin-bottom: 50px;
}
#ref {
    position: relative;
    left: 700px;
    top: -350px;
}
#parent {
    width: 600px;
    height: 200px;
    display: flex;
}

#parent div {
    flex-basis: 150px;
}

#destination {
    left: 400px;
    width: 200px;
    height: 298px;
    background-color: antiquewhite;
    position: relative;
}
```

图 9-27　拼图游戏 CSS 代码示例 1

```
#des1 {
    position: absolute;
    top: 0;
    left: 0;
    width: 115px;
    height: 189px;
}

#des2 {
    width: 123px;
    height: 167px;
    position: absolute;
    top: 0;
    right: 0;
}

#des3 {
    width: 136px;
    height: 146px;
    position: absolute;
    left: 0;
    bottom: 0;
}

#des4 {
    width: 100px;
    height: 167px;
    position: absolute;
    right: 0;
    bottom: 0;
}
```

图 9-28 拼图游戏 CSS 代码示例 2

```
window.onload = function() {
    var img = document.querySelectorAll("#parent img");
    var des = document.querySelectorAll("#destination div");

    for(var i= 0;i<des.length; i+=1) {
        img[i].ondragstart = function(e) {
          e.dataTransfer.setData("id", e.target.id);
        };
        des[i].ondragover = function(e) {
          e.preventDefault();
        };
        des[i].ondrop = function(e) {
          var id = e.dataTransfer.getData("id");
          this.appendChild(document.getElementById(id));
      };
    }
};
```

图 9-29 拼图游戏 JavaScript 代码示例

本章小结

本章介绍了 HTML5 中的用来页面元素拖曳功能的 drag & drop API，重点讲解了 drag & drop API 的基本工作流程和常用事件的使用，特别是 dataTransfer 对象的使用方法。在实例部分，使用 drag & drop API 完成了一个简单的拼图游戏。

本章主要介绍了如下内容：

(1) drag & drop 的基本概念。

(2) 如何使用 drag & drop API 中的不同事件和 dataTransfer 对象。

(3) 如何使用 drag & drop API 来实现简单的拼图游戏。

思考题

(1) 请简述 drag & drop API 中不同事件的触发顺序。

(2) 请简述 drag & drop API 中 dataTransfer 对象的作用是什么。

(3) 哪些 HTML 元素是默认可以拖曳的？如果不是默认可以拖曳但是想使用，drag&drop API 要如何操作？

第 10 章 HTML5 之 Web Workers

CHAPTER 10

JavaScript 有两种运行环境：浏览器和 Node。在这两种环境中，JavaScript 都是单线程的，这意味着在同一时刻只能有一个程序在运行。由于在浏览器的环境中，JavaScript 主要用来操作页面上的元素，在单线程的情况下，如果一个程序占用太多资源，页面会有卡顿的情况发生，以至于其他程序暂时无法运行。如图 10-1 所示的程序会造成页面卡顿，产生如图 10-2 所示的效果。

```
<!DOCTYPE html>
<html lang="en">
<head>
    <meta charset="UTF-8">
    <meta name="viewport" content="width=device-width, initial-scale=1.0">
    <title>single thread</title>
</head>
<body>
    <div class="container" style="width:400px;margin:50px auto;">
        <button>change me, ok</button>
        <button>now change me, blocking</button>
    </div>
    <script>
        buttons = document.querySelectorAll('button');
        buttons[0].onclick = function(e) {
            e.target.innerHTML = "I am being changed";
            for(let i = 0; i < 100000; i++) {
                console.log('just for illustrating!');
            }
        }
        buttons[1].onclick = function(e) {
            e.target.innerHTML = "I am being blocked";
        }
    </script>
</body>
</html>
```

图 10-1　造成页面卡顿的程序示例

为了避免这种情况的发生，HTML5 中提供了 Web Workers API[10]。该 API 并行运行多个 JavaScript 程序，并且互相通信。这种多线程的方式解决了以往 JavaScript 单线程运行模式所带来的问题。

change me, ok now change me, blocking

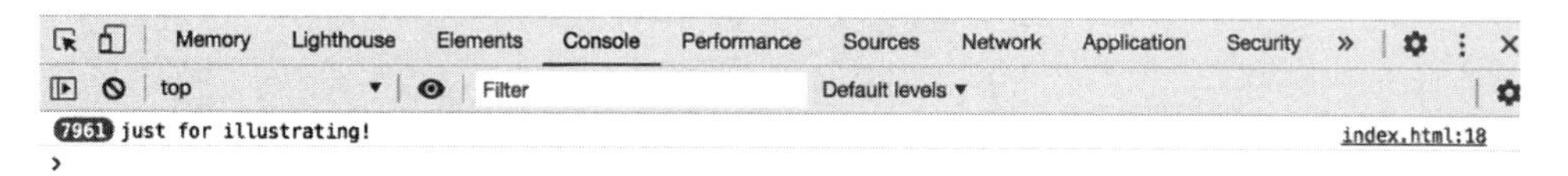

图 10-2 造成页面卡顿的页面效果示例

本章将重点详细讲解如何通过 Web Workers API 来实现各种操作实例。

本章将首先介绍 Web Workers API 的基本概念,然后通过程序实例介绍如何使用 Web Workers API,特别是不同线程间如何通信的方法。所有内容都将结合实例进行示范讲解。本章应重点掌握以下要点:

(1) Web Workers 的概念与工作原理;

(2) Web Workers API 的使用方法;

(3) 使用 Web Workers API 完成程序实例。

10.1 Web Workers 的基本概念

Web Workers 是指可以独立于主线程运行的单独的 JavaScript 程序。通常可以将前端的计算密集型的任务分配给 Web Workers 运行,以避免前端页面遭遇计算密集型任务时无法对用户交互做出响应的问题。Web Workers 在前端的程序后台运行,Web Workers 中的程序无法直接访问页面的 DOM 元素,这意味着 Web Workers 不会阻塞前端的 UI 界面响应。但是,这并不意味着 Web Workers 不会消耗计算机的计算资源。所以,通常不建议创建太多的 Web Workers。

10.1.1 单线程和多线程

为了了解 Web Workers 的强大之处,有必要先了解一下单线程和多线程的概念。所谓单线程,是指在同一时刻只能有一段程序在运行。而多线程是指多个程序可以在同一时间运行且互相不受影响。图 10-3 给出了单线程的工作流程示例,图 10-4 给出了多线程的工作流程示例。

10.1.2 Web Workers 的基本用法

Web Workers 提供了一种在 JavaScript 中使用多线程编程的方法,这种方法是基于 Worker 对象实现的。Worker 对象的参数即为主线程外的线程程序的地址。具体步骤为:

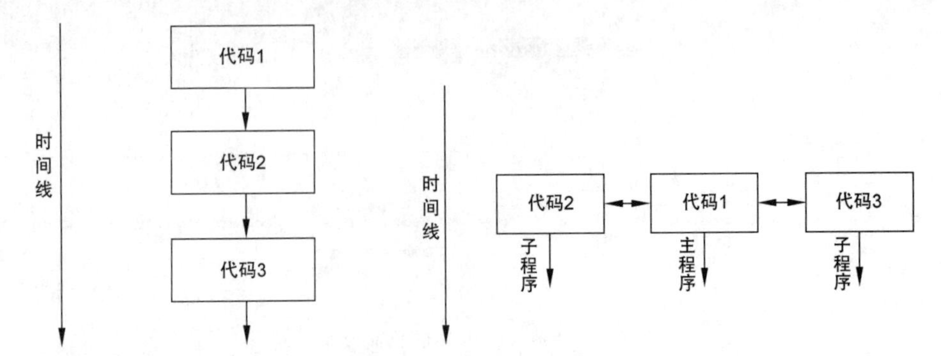

图 10-3　单线程工作流程示意图　　　　图 10-4　多线程工作流程示意图

(1) 创建子线程。创建一个线程的代码示例如图 10-5 所示。其中 worker.js 文件中的代码即为子线程的程序。

```
const worker = new Worker('worker.js');
```

图 10-5　创建 Web Workers 线程的代码示例

(2) 线程间通信。子程序运行的过程中或结束后往往需要将结果发送给主线程,主线程有时也需要向子线程传递信息。主线程和子线程间的信息通信是通过 postMessage 方法实现的。JavaScript 是基于事件的,onmessage 事件提供了主线程和子线程间消息到达时的触发方法。主线程代码示例如图 10-6 所示,子线程代码示例如图 10-7 所示,所使用的 HTML 代码如图 10-8 所示,页面效果如图 10-9 所示。

```
const worker = new Worker('worker.js');


worker.onmessage = function(e) {
    console.log(e.data);
}
```

图 10-6　线程间通信的主线程代码示例

```
let result = 0;
for(let i = 0; i < 100; i++) {
    result += i;
}
postMessage(result);
```

图 10-7　线程间通信的子线程代码示例

```
<!DOCTYPE html>
<html lang="en">
<head>
    <meta charset="UTF-8">
    <meta name="viewport" content="width=device-width, initial-scale=1.0">
    <title>communication between threads</title>
</head>
<body>
    <script src="script.js"></script>
    <script src="worker.js"></script>
</body>
</html>
```

图 10-8　线程间通信的 HTML 代码示例

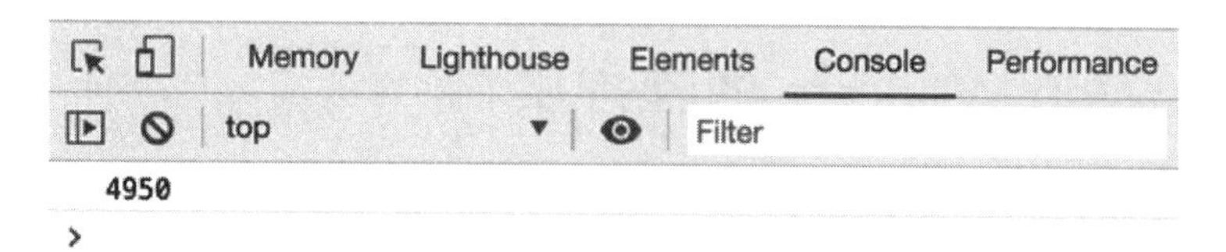

图 10-9 线程间通信的页面效果示例

(3) 终止子线程。子线程一旦创立,就会一直处于工作状态,可以接收主线程的消息和向主线程发送消息。有时,终止子线程也是一项需求,这个时候,可以使用 Worker 对象的 terminate 方法来终止相应的子线程。如果子线程被终止后,不可以重新启动子线程,必须重新创建新的子线程才可以使用。终止子线程的代码要写在创建子线程的主线程程序中。代码示例如图 10-10 所示。

```
worker.terminate();
```

图 10-10 终止创建的子线程的代码示例

(4) 处理错误。如果主线程和子线程通信的过程中发生错误,可以通过 Worker 对象的 onerror 事件获取错误信息。以如图 10-6～图 10-8 所示的代码为例,如果将子线程的代码改为如图 10-11 所示,即子线程向主线程发送一个不存在的变量 result1,那么将主线程的代码改为如图 10-12 所示,增加 onerror 事件后将可以捕获该变量不存在的错误,页面效果将如图 10-13 所示。

```
let result = 0;
for(let i = 0; i < 100; i++) {
    result += i;
}
postMessage(result1);
```

图 10-11 onerror 事件的子线程代码示例

```
const worker = new Worker('worker.js');

worker.onmessage = function(e) {
    console.log(e.data);
}

worker.onerror = function(e) {
    console.log(e.message);
};
```

图 10-12 onerror 事件的主线程代码示例

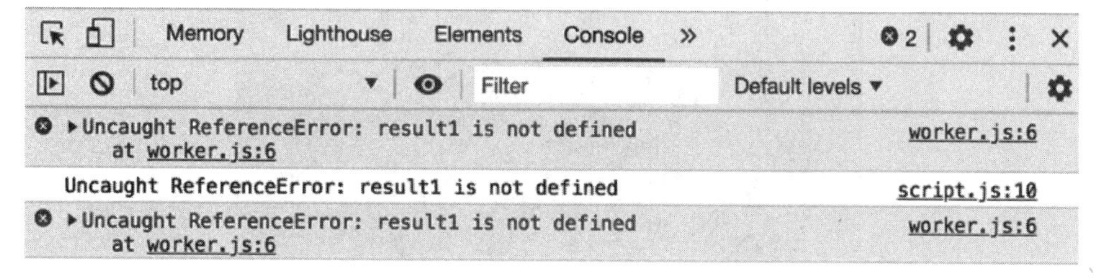

图 10-13 onerror 事件的效果图示例

10.2 Web Workers 的程序实例

本节展示如何使用 Web Workers API 来实现一个简单的数学运算。虽然简单的数学运算在实际中不太可能会用到 Web Workers,但是此程序实例旨在演示 Web Workers API 的使用方法。

任务:使用 Web Workers API 来实现一个简单的数学运算。具体要求为:在页面上输入任意两个数,计算该两个数各自平方后再相加的和。页面效果图如图 10-14 所示。

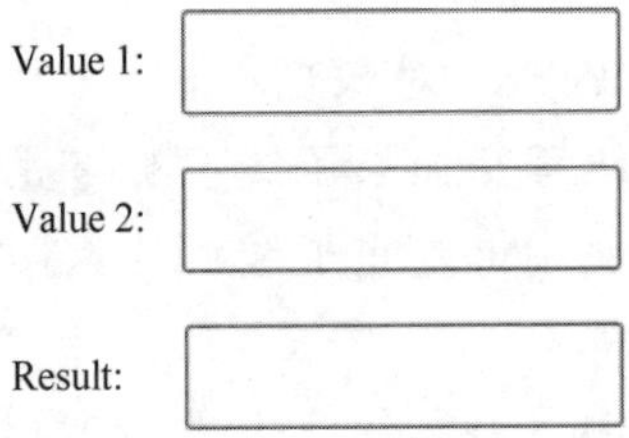

Value 1:

Value 2:

Result:

图 10-14 Web workers 实例效果图

程序实现:该页面的 HTML 代码如图 10-14 所示,HTML 代码如图 10-15 所示,CSS 代码如图 10-16 所示,主程序 JavaScript 代码如图 10-17 和图 10-18 所示,子程序 JavaScript 代码分别如图 10-19 和图 10-20 所示。

```
<!DOCTYPE html>
<html lang="en">
<head>
    <meta charset="UTF-8">
    <title>web worker</title>
    <link rel="stylesheet" href="style.css">
</head>
<body>
    <div>
        <label for="mul1">Value 1: </label>
        <input type="text" id="mul1">
        <br>
        <label for="mul2">Value 2: </label>
        <input type="text" id="mul2">
        <br>
        <label for="result">Result: </label>
        <input type="text" id="result">
    </div>
    <script src="script.js"></script>
</body>
</html>
```

图 10-15 Web Workers 的 HTML 代码示意图

```
div {
    width: 400px;
    margin: 50px auto;
}

input {
    padding: 10px;
    margin: 10px;
}

label {
    text-align: right;
}

label[for="result"] {
    margin-left: 8px;
}
```

图 10-16 Web Workers 的 CSS 代码示意图

```
const input = document.getElementsByTagName("input");

const worker1 = new Worker("worker1.js");
const worker2 = new Worker("worker2.js");

const valueToSend = {};
let flag1 = false, flag2 = false;

input[0].oninput = function () {
    worker1.postMessage({
        value1: +input[0].value
    });
};
input[1].oninput = function () {
    worker1.postMessage({
        value2: +input[1].value,
    });
};
```

图 10-17 Web Workers 的主程序 JavaScript 代码示意图 1

```
worker1.onmessage = function (e) {
    if(e.data.value1) {
        valueToSend.value1 = e.data.value1;
        flag1 = true;
    }
    if(e.data.value2) {
        valueToSend.value2 = e.data.value2;
        flag2 = true;
    }
    if(flag1 && flag2) {
        worker2.postMessage(valueToSend);
    }
};
worker2.onmessage = function(e) {
    input[2].value = e.data;
}
worker1.onerror = function(e) {
    console.log('Error happened in worker1: ', e.message);
}
worker2.onerror = function(e) {
    console.log('Error happened in worker2: ', e.message);
}
```

图 10-18 Web Workers 的主程序 JavaScript 代码示意图 2

```
onmessage = function(e) {
    const result = {}
    if(e.data.value1) {
        result.value1 = e.data.value1 ** 2;
    }
    if(e.data.value2) {
        result.value2 = e.data.value2 ** 2;
    }
    postMessage(result);
};
```

图 10-19 Web Workers 的子程序 1 的 JavaScript 代码示意图

```
onmessage = function(e) {
    const result = e.data.value1 + e.data.value2;
    postMessage(result);
};
```

图 10-20　Web Workers 的子程序 2 的 JavaScript 代码示意图

本章小结

本章介绍了 HTML5 中用来实现多线程功能的 Web Workers API，重点讲解了 Web Workers API 的基本工作流程和常用事件的使用，特别是主线程和子线程通信的方法。在实例部分，为了演示 Web Workers 的使用流程和方法，使用 Web Workers API 完成了一个简单的数学运算程序。

本章主要介绍了如下内容：

(1) Web Workers 的基本概念。

(2) 如何使用 Web Workers API 中的不同事件。

(3) 如何使用代码在 Web Workers 间进行通信。

(4) 如何使用 Web Workers API 来实现简单的数学运算。

思考题

(1) 请解释 JavaScript 中的工作方式是单线程还是多线程。

(2) 请解释 Web Workers 中主线程和子线程间的通信方式。

(3) Web Workers 中的子线程能否操作 DOM？原因是什么？

第11章 前端总结与展望

CHAPTER 11

微课视频 11

Web 前端的发展可以说是信息技术所有领域中发展最快的领域。新的前端技术层出不穷，以至于开发人员需要一直学习新的技术才能跟上 Web 前端发展的节奏。有人把 Web 前端的这种膨胀式的技术发展称为 JavaScript Fatigue。对于一个普通的 Web 前端开发人员，已经不太可能掌握所有的 Web 前端技术。一个好的建议是：只掌握我们需要用到的前端知识和技术。本章将对前端的知识进行简要总结，对当今出现的一些新技术进行分析，同时指出下一步的学习方向。

本章将对 Web 前端的知识进行总结并分析前端新技术的发展趋势。

本章将首先结合本书已经讲述的内容总结 Web 前端的知识点，然后通过介绍近几年出现的 Web 前端新技术来分析 Web 前端开发的发展趋势，最后给完成本书后想继续学习的读者提出几点建议。本章应重点掌握以下要点：

（1）掌握 Web 前端的知识体系结构；

（2）了解 Web 前端的技术发展趋势；

（3）学会如何进一步学习。

11.1 Web 前端开发的总结与展望

Web 前端的知识体系庞杂，仅仅凭借一章甚至一本书是无法描述每一个 Web 前端开发的知识点的。本章旨在对 Web 前端开发进行简要总结，以期让读者对 Web 前端的知识有一个总体的认识。

11.1.1 Web 前端开发的知识总结

前端开发所需要的知识繁杂而广泛，虽然所需要的编程语言主要为 HTML、CSS 和 JavaScript，但是的知识点却异常丰富。本节将对这些知识点进行简要总结。

1. 开发环境和工具

Web 前端的开发环境和工具有很大的选择灵活性。对于其他的语言开发工作，开发环境和工具往往比较单一和固定，开发人员只要掌握固定的一些开发环境和工具就可以逐渐

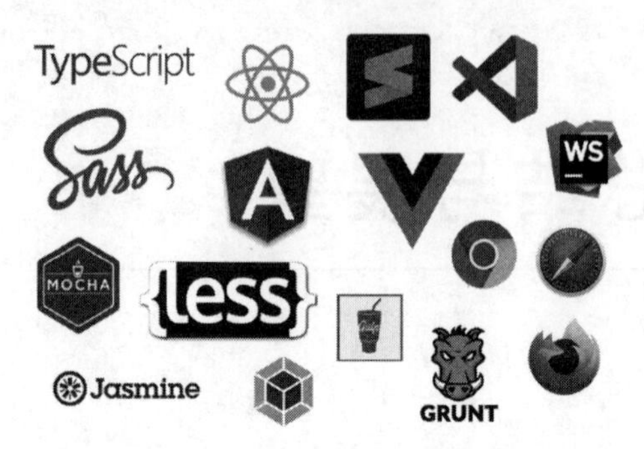

图 11-1 常见的 Web 前端开发环境和工具示例

精益求精,熟练掌握开发的要求。对于 Web 前端开发来说,存在不同的浏览器,如 Chrome、Firefox、Safari 等;存在不同的代码编辑器,如 VSCode、Sublime Text、WebStorm 等;存在不同的工程化工具,如 Webpack、Gulp、Grunt 等;存在不同的预处理语言,如 SASS、LESS、TypeScript 等;存在不同的单元测试工具,如 Mocha、Jasmine 等;存在不同的前端开发框架,如 Vue、React、Angular 等;这些不同开发环境和工具的存在为开发者提供了解决问题的不同工具,同时也带来了某种选择困惑,因为很多工具都可以完成同样的工作任务。图 11-1 给出了部分常见的 Web 前端开发环境和工具。

2. JavaScript 基础知识

JavaScript 是一种发展非常迅速的语言,自从 HTML5 诞生以来,JavaScript 的官方组织 ECMA 几乎每年都会发布新的 JavaScript 版本,在新的版本中增加新的技术和特性。目前 JavaScript 标准包含的 JavaScript 知识点包括数据类型、对象、函数、原型、类、Promise、async/await、generators、模块、Proxy 等。由于 JavaScript 有两种运行环境:浏览器和 Node,每种运行环境又存在相关的不同 API 与知识。在浏览器环境中存在 DOM、不同的事件、不同的浏览器 API 等。

3. 代码质量

在前端开发工作中,开发人员所写的程序除了需要完成要求的任务之外,所编写程序的代码质量也是一个非常重要的指标。代码质量除了可以让其他开发人员更好地加入开发工作,促进合作与交流外,还可以使开发人员所编写程序本身的鲁棒性与可维护性更强。在代码质量方面需要注意的有:学会充分利用浏览器的开发者工具调试,在编写复杂程序前学会逐阶段调试;学会对难以理解的代码部分写注释,注释不仅仅便于和其他开发人员交流,也是便于自己的后续维护工作;学会写测试代码,为了所写代码的稳定性和鲁棒性,要养成写单元测试的习惯,虽然单元测试是一项繁杂的工作,但在保证代码质量方面无疑是有不可估量的作用的;保持良好的代码风格,良好的代码风格增加了代码的美观性,同时也在一定程度上保证了代码质量。图 11-2 给出了一个良好代码风格的建议。

4. Regex

正则表达式 Regex 是一种匹配字符串的模式和方法。在 JavaScript 中可以通过 RegExp 对象或者字符串中的正则表达式方法来操作。正则表达式的知识超出了本书的范围,故不做具体介绍。图 11-3 给出了通过正则表达式找到 HTML 标签的代码示例。图 11-4 和图 11-5 给出了运行效果图。

函数名字和括号以及参数和括号间不要有空格

参数间要有空格

花括号要在同一行，且之前要有一个空格

保持统一的缩进，这里是一个tab，即4个空格

操作符左右要有空格

语句末尾要加分号

逻辑代码块间要有空地

句子如果太长要换行

else的上下不要有空行

```
function add(x, n) {
    let result = x;

    for (let i = 0; i < n; i++) {
        result += i;
    }

    return result;
}

let x = prompt("Please input x:", "");
let n = parseInt(prompt("Please input n:", ""));

if (n < 0) {
    alert(`${n} is not allowed,
        please input a non-negtive number`);
} else {
    alert(add(x, n));
}
```

图 11-2　良好代码风格的建议示例

```
let tag = prompt("请输入你想找到的标签：", "h1 or h2");
let regexp = new RegExp(`<${tag}>`);
const str = '<h1>hello world</h1><h2>ok</h2>';

alert(str.search(regexp));
```

图 11-3　正则表达式代码示例

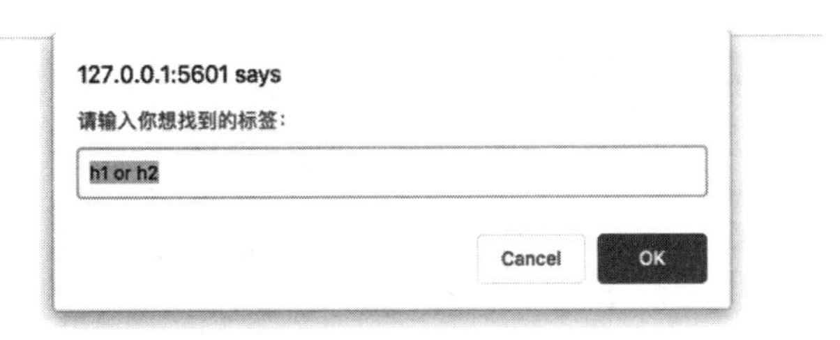

图 11-4　正则表达式代码运行效果示例 1

图 11-5　正则表达式代码运行效果示例 2

11.1.2 Web 前端开发的知识展望

这里对前端领域目前出现的一些新技术进行简要的介绍和讲解。

1. Web components

组件 component 的概念一直是各种 Web 前端框架，例如 Vue、React 和 Angular 的一个核心概念。但是浏览器原生的组件概念还一直处在发展阶段。所谓组件，就是指开发人员可以自由创建的 HTML 元素，该 HTML 元素往往由类来定义，具有自己的属性和方法。图 11-6 给出了创建个性化 Web 组件的 JavaScript 代码，图 11-7 给出了 HTML 代码，图 11-8 给出了代码对应的图示效果。

```
class MyElement extends HTMLElement {
    constructor() {
        super();
    }
    connectedCallback() {
        console.log('The element is being added.');
        const name = this.getAttribute('name');
        this.innerHTML = `<h1>hello, ${name}, I am a user-defined custom element.</h1>`;
    }
}

customElements.define("my-element", MyElement);
```

图 11-6 个性化 Web 组件的 JavaScript 代码示例

```
<!DOCTYPE html>
<html lang="en">
<head>
    <meta charset="UTF-8">
    <meta name="viewport" content="width=device-width, initial-scale=1.0">
    <title>Document</title>
</head>
<body>
    <my-element name="Xiaoming"></my-element>
    <script src="webcomponent.js"></script>
</body>
</html>
```

图 11-7 个性化 Web 组件的 HTML 代码示例

hello, Xiaoming, I am a user-defined custom element.

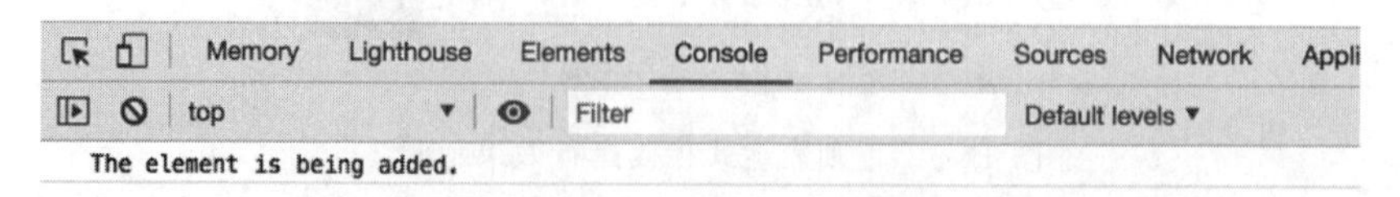

图 11-8 个性化 Web 组件的效果示例

2. GraphQL

GraphQL 是一种在前端获取后端服务器信息的方式，有别于传统的 Restful API，GraphQL 让前端开发人员可以自由获取需要的信息。这不仅使前后端分离的工作模式更加好操作，也让前端开发人员可以更快地获取自己所需要的数据。通过 GraphQL 方式，前端开发人员可以根据需要获取到信息，而不需要后端开发人员开发设计不同的 API。图 11-9 给出了通过 GraphQL 获取需要信息的图示。

```
{
  hero {
    name
    height
    mass
  }
}
```

```
{
  "hero": {
    "name": "Luke Skywalker",
    "height": 1.72,
    "mass": 77
  }
}
```

图 11-9 使用 GraphQL 获取信息示例

3. WebAssembly

WebAssembly 简称 WASM，源于 Mozilla 发起的 Asm.js 项目，是比 JavaScript 更容易翻译成原生代码的一种由其他语言编写的代码。因此，WASM 的执行速度比 JavaScript 要快很多，这也是 WASM 吸引人的地方。但是，WASM 并不是要取代 JavaScript，只是在需要执行速度快的地方提供另外一种解决方案。目前主流浏览器已经可以支持部分 WASM 的特性。WASM 可以用多种不同的语言如 C、C++、Rust 等编译成 WASM 模块，然后在浏览器中或 Node 中被 JavaScript 调用。

JavaScript 一般通过 Ajax 的方式来调用 WASM 模块。使用 Fetch 方法调用 WASM 模块的代码示例如图 11-10 所示。

```
WebAssembly.instantiateStreaming(fetch('simple.wasm'), importObject)
    .then(results => {
            // Do something with the results!
    })
```

图 11-10 使用 Fetch 方法调用 WASM 模块的程序示例

4. Rust

与 WASM 不同，Rust 是一种编程语言。在 WASM 的介绍部分讲到，Rust 可以用来编译 WASM 模块然后被 JavaScript 调用。除了作为一种完备的编程语言外，Rust 在前端的作用就是可以用来创建 WASM 模块然后和 JavaScript 结合使用，以此来提高前端程序的效率和性能。代码示例如图 11-11 所示。

```rust
extern crate wasm_bindgen;

use wasm_bindgen::prelude::*;

#[wasm_bindgen]
extern {
    pub fn alert(s: &str);
}

#[wasm_bindgen]
pub fn sayHi(name: &str) {
    alert(&format!("Hi, {}!", name));
}
```

图 11-11 Rust 代码示例

5. 人工智能

随着人工智能的发展，以机器学习特别是深度学习为代表的人工智能技术已经和信息技术的各个领域紧密结合在一起，Web 技术也不例外。目前人工智能在 Web 技术方面的应用主要体现在两方面：一是各种机器学习特别是深度学习的 JavaScript 库，例如 tensorflow.js 提供了使用 JavaScript 在浏览器上进行训练和部署模型的端到端解决方案，ml5js 构建在 tensorflow.js 之上，提供了更加易用的 API；二是可使用人工智能技术来解决 Web 领域的一些传统任务或问题，例如通过深度学习来让系统自动根据 UI 界面生成前端代码等。图 11-12 给出了 ml5.js 官方提供的一个代码示例。图 11-13 给出了使用人工智能技术由 UI 界面生成代码的一个工作流程图示。

```javascript
// Step 1: Create an image classifier with MobileNet
const classifier = ml5.imageClassifier("MobileNet", onModelReady);

// Step 2: select an image
const img = document.querySelector("#myImage");

// Step 3: Make a prediction
let prediction = classifier.predict(img, gotResults);

// Step 4: Do something with the results!
function gotResults(err, results) {
  console.log(results);
  // all the amazing things you'll add
}
```

图 11-12 ml5.js 的简洁代码示例

图 11-13 由 UI 界面生成代码的工作流程示例

11.2　接下来要学习什么

本章对 Web 前端的开发知识进行了总结，并且对目前出现的一些新的有可能影响 Web 前端发展道路的计算进行了介绍和分析。本节对本书之后接下来将要学习什么给出一些建议，仅供参考。

1. 前端 HTML 和 CSS 开发框架

前端 HTML 和 CSS 开发框架主要可以帮助前端开发者快速完成前端的界面设计，从而把主要精力从项目设计上转移到前端的业务和逻辑实现上来。前端的 HTML 和 CSS 框架主要有 Bootstrap、Materialize、Element 等。图 11-14 给出了一些常见的前端 HTML 和 CSS 框架。

图 11-14　前端常见的 HTML 和 CSS 框架示例

2. 前端 JavaScript 开发框架

前端的 JavaScript 开发框架主要可以帮助前端开发者快速完成前端业务逻辑开发任务，这已经成为前端开发人员的必备技能。前端的 JavaScript 框架主要有 Angular、React、Vue 等。图 11-15 给出了一些常见的前端 JavaScript 框架。

图 11-15　前端常见的 JavaScript 框架示例

3. 后端语言和数据库技术

前端的开发离不开和后端即数据库开发人员的协作，即使在前后端分离的开发模式下，前端人员仍然需要和后端人员进行沟通。作为一名优秀的前端开发人员，掌握适量的后端及数据库技术有助于更好地和后端人员沟通和协作。有时候，熟悉后端技术已经成为前端开发人员的必要技能。图 11-16 给出了一些常用的后端开发语言，图 11-17 给出了一些常用的数据库。

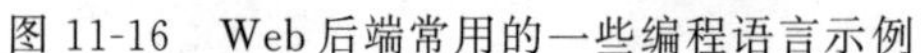

图 11-16 Web后端常用的一些编程语言示例

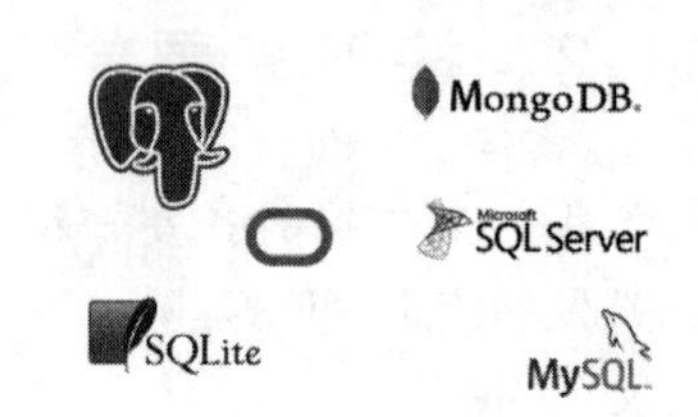

图 11-17 Web后端常用的一些数据库示例

4. 前端新技术

前端是一个在技术和理念上都发展非常迅速的一个信息技术领域,从事前端开发需要时刻关注前端新技术的发展与应用,除了关注本章提到的新技术外,还应该多从各个信息渠道了解前端技术的发展,只有这样,才能成为一名优秀的前端技术人员。

本章小结

本章对本书的内容进行了简要总结,同时分析了目前前端领域出现的几个新技术,最后为想在前端领域深耕的读者提出了继续学习的几点建议。本书旨在提供一个前端入门的介绍,通过本书的学习,相信读者已经具备了前端的基本技术,从而可以有能力继续在前端的技术海洋里畅游。

本章主要介绍了如下内容:

(1) 前端知识总结与概要。

(2) 前端的新技术与发展。

(3) 前端的进一步学习路径。

思考题

(1) 请列举前端开发领域出现的一些新技术。

(2) 请列举前端常见的一些CSS框架。

(3) 请列举前端常见的一些JavaScript框架。

参考文献

[1] HTML5. [2021-08-16]. https://developer.mozilla.org/en-US/docs/Glossary/HTML5.

[2] Visual Studio Code. [2021-08-16]. https://code.visualstudio.com/.

[3] Markup Validation Service. [2021-08-16]. https://validator.w3.org/.

[4] The box model. [2021-08-16]. https://developer.mozilla.org/en-US/docs/Learn/CSS/Building_blocks/The_box_model.

[5] ECMA-262. [2021-08-16]. https://www.ecma-international.org/publications-and-standards/standards/ecma-262/.

[6] WebGL. [2021-08-16]. https://www.khronos.org/webgl/.

[7] The Video Embed element. [2021-08-16]. https://developer.mozilla.org/en-US/docs/Web/HTML/Element/video.

[8] Progressive web apps. [2021-08-16]. https://developer.mozilla.org/en-US/docs/Web/Progressive_web_apps.

[9] HTML Drag and Drop API. [2021-08-16]. https://developer.mozilla.org/en-US/docs/Web/API/HTML_Drag_and_Drop_API.

[10] Web Workers API. [2021-08-16]. https://developer.mozilla.org/en-US/docs/Web/API/Web_Workers_API.

图书资源支持

感谢您一直以来对清华大学出版社图书的支持和爱护。为了配合本书的使用，本书提供配套的资源，有需求的读者请扫描下方的“书圈”微信公众号二维码，在图书专区下载，也可以拨打电话或发送电子邮件咨询。

如果您在使用本书的过程中遇到了什么问题，或者有相关图书出版计划，也请您发邮件告诉我们，以便我们更好地为您服务。

我们的联系方式：

地　　址：北京市海淀区双清路学研大厦 A 座 714

邮　　编：100084

电　　话：010-83470236　010-83470237

资源下载：http://www.tup.com.cn

客服邮箱：tupjsj@vip.163.com

QQ：2301891038（请写明您的单位和姓名）

教学资源・教学样书・新书信息

人工智能科学与技术
人工智能|电子通信|自动控制

资料下载・样书申请

书圈

用微信扫一扫右边的二维码，即可关注清华大学出版社公众号。